Jörg Brandt / Kirsten Oehmke

Führen auf Augenhöhe

Kollegen und Teams motivieren und leiten

W0175439

Cornelsen

Verlagsredaktion: Ralf Boden
Technische Umsetzung: Verena Hinze, Essen
Umschlaggestaltung: Magdalene Krumbeck, Wuppertal
Titelfoto: © gettyimages

Informationen über Cornelsen Fachbücher und Zusatzangebote:
www.cornelsen.de/berufskompetenz

1. Auflage

© 2010 Cornelsen Verlag Scriptor GmbH & Co. KG, Berlin

Druck: Druckhaus Thomas Müntzer, Bad Langensalza

ISBN 978-3-589-23764-7

 Inhalt gedruckt auf säurefreiem Papier aus nachhaltiger Forstwirtschaft.

Vorwort

Führen auf Augenhöhe steht für einen Führungsansatz, der auf flache Hierarchiestufen setzt und damit einhergehend stärker die Verantwortung aller Beteiligten einfordert. Das Bild von einem Team, bestehend aus individualistischen Experten, aber mit der Bereitschaft und der Fähigkeit zu Kooperation und Kommunikation, zur willensstarken Erreichung eines gemeinsamen Ziels.

Die Voraussetzung für eine Umsetzung sind einerseits veränderte Rahmenbedingungen in den Unternehmen, aufbauend auf einem Bild vom Mitarbeiter, der zunehmend mehr unternehmerische Mitverantwortung übernimmt.

Andererseits stellt sich die Frage: Wie kann Einflussnahme bei lateraler Führung aussehen; insbesondere unter dem Aspekt einer Abgrenzung gegenüber der Einflussnahme in hierarchisch strukturierten Unternehmen? Dort wird Einflussnahme in der Regel auf der Basis von legaler Macht und Weisungsbefugnis ausgeübt.

Mit beiden Aspekten setzen wir uns im vorliegenden Buch auseinander. Wie können Modelle aussehen, die Führung auf Augenhöhe ermöglichen, und welche Folgen hat dies auf Möglichkeiten der Einflussnahme?

Angesichts der Herausforderungen, vor denen Unternehmen, Führungskräfte und Mitarbeiter heute stehen, gewinnen Ansätze wie laterales Führen – oder „Führen auf Augenhöhe" – an Bedeutung. Es geht angesichts der Herausforderungen unserer Zeit um neue Wege und nicht um den Ausbau bestehender Wege.

Mitarbeiter wollen stärker eingebunden werden in Entscheidungen und suchen nach eigenen Mitgestaltungsräumen, basierend auf ihrer Wahrnehmung. Unternehmen brauchen unternehmerisch mitdenkende, kooperative, stärker eigenverantwortlich handelnde Mitarbeiter, um auf die neuen sich stetig verändernden Rahmenbedingungen reagieren zu können.

Der Ansatz der „lateralen Führung" bietet hier Chancen. Das Buch will zum Nachdenken anregen und gleichzeitig Hilfsmittel und Werkzeuge vorstellen, die Ansatzpunkte für die Umsetzung geben.

Im Sommer 2010

Jörg Brandt
Kirsten Oehmke

Die Autoren

Jörg Brandt (Diplom-Sozialpädagoge) baute nach wechselnden Tätigkeiten im Bereich der Bildung und Weiterbildung für einen Seminaranbieter den Geschäftsbereich Aus- und Weiterbildung im Hotel- und Gaststättenbereich auf.

Heute leitet er das Weiterbildungszentrum von Fritz Wiebel & Partner in Wiesbaden (Fritz Wiebel & Partner: Management Consulting, Aus- und Weiterbildung).

Erfahrungen in der schulischen und außerschulischen Bildungsarbeit, Aufbau einer Bildungseinrichtung, Fortbildungen in kreativer Gestaltungstherapie und Gruppenarbeit und multimodalem Stressmanagement, neben seinen Aufgaben als Niederlassungsleiter Trainer für Führung, Kommunikation und Stressmanagement. Herausgeber und Mitautor des Buches „Aktives Verkaufen", Berlin 1998, und Mitautor des Buches „Handbuch Kundenbindung", Berlin 2001.

Kirsten Oehmke ist Therapeutin für klinische Hypnose mit den Schwerpunkten Essstörung und Burn-out-Syndrom.

Neben ihrer Tätigkeit als Therapeutin arbeitet sie seit mehr als zehn Jahren als Trainerin für Kommunikation, Selbstmanagement und Motivation.

INHALT

1 FÜHREN AUF AUGENHÖHE – EINE ERSTE ANNÄHERUNG

2007 erhielten wir eine erste Anfrage, ob wir ein Seminar zum Thema „laterales Führen" anbieten. Interessiert führten wir zur Abklärung der Vorstellungen ein erstes Vorgespräch, in dessen Vorbereitung wir neben eigenen Überlegungen einige Recherchen durchführten. Wir dachten zunächst an Führungssituationen im Projektmanagement. Dort, so unsere Erfahrungen, begegnen sich häufig Spezialisten, die unter Führung eines Projektverantwortlichen gemeinsam an der Realisierung von Aufgaben arbeiten. Aufgabe des Projektleiters ist es, die Projektteilnehmer konstruktiv zusammenzuführen und sie auf das gemeinsame Erreichen des Projektziels auszurichten.

Da Projekte zeitlich befristet sind, die Projektmitglieder aus unterschiedlichen Hierarchieebenen und unterschiedlichen Abteilungen kommen und zudem Projekte häufig interdisziplinär besetzt sind, bedeutet deren Führung eine große Herausforderung an die sozialen und kommunikativen Kompetenzen des Projektleiters. Da Projektleiter in der Regel gegenüber anderen Projektbeteiligten nicht weisungsbefugt sind, stehen sie vor der Aufgabe, lateral – also auf Augenhöhe – zu führen. Ihre Möglichkeiten der Einflussnahme müssen daher außerhalb von Weisungsbefugnis liegen. Wenn Weisungsbefugnis mit der auf Macht gegründeten Möglichkeit einhergeht, Anordnungen zu erteilen, dann müssen Projektleiter basierend auf anderen Kompetenzen versuchen, Einfluss zu nehmen.

Projektleiter sind in der Regel gegenüber anderen Projektbeteiligten nicht weisungsbefugt

In einem zweiten Schritt begannen wir im Internet zu recherchieren. Immerhin lag das Suchergebnis für „laterale Führung" bei knapp 40.000 Einträgen. Mit Eingabe des englischen Begriffs „lateral leadership" explodierte die Zahl auf mehr als 1,3 Millionen Einträge, darunter Einträge wie (frei übersetzt):

- laterale Führung – ein neues Führungsparadigma;
- wie bewege ich Teams, auch wenn ich nicht der Chef bin;
- Einfluss nehmen ohne hierarchische Macht.

Daneben zeigte die Suche, dass es eine Reihe von Seminarangeboten zum Thema laterale Führung gab und gibt und das Thema auch in der Fachpresse ausgiebig diskutiert wird.

Unsere besondere Aufmerksamkeit weckte die Seite www. WORLDBLU.COM. WORLDBLU wurde 1997 von Traci Fenton als gewinnorientierte soziale Unternehmung (for-profit social enterprise) gegründet. Ziel von WorldBlu ist es, das Wachstum demokratischer Organisationen weltweit zu fördern. Angestrebt sind bis zum Jahr 2020 20.000 Unternehmen weltweit.

worldblu.com fördert das Wachstum demokratischer Organisationen

So gewappnet führten wir ein Gespräch mit dem Auftraggeber. In diesem Gespräch fielen Begriffe wie:

- Verflachung der bestehenden hierarchischen Strukturen,
- Erhöhung der Verantwortungsübernahme bei möglichst vielen Mitarbeitern,
- Erhöhung der Reaktionsgeschwindigkeit,
- Erweiterung der Entscheidungsspielräume etc.

Ausloten von Möglichkeiten, neue, alternative Wege der Führung zu beschreiten

Es ging dem Kunden offensichtlich nicht um eine Qualifikation für Projektleiter, sondern wir führten ein spannendes Gespräch über die Möglichkeiten, neue, alternative Wege der Führung zu beschreiten – und dies vor dem Hintergrund, dass seitens der Unternehmensleitung auch über Veränderungen der Organisationsstruktur des Unternehmens nachgedacht wurde.

Laterale Führung als strategisches Element, um schneller und flexibler auf Anforderungen reagieren zu können, ohne dass enge und starre hierarchische Strukturen die Wege von Entscheidungen zu sehr einengen; flachere Strukturen, mit weniger Hierarchiestufen, um damit mehr Mitarbeiter stärker in das Unternehmen einzubinden. Damit einher geht ein höheres Maß an Gestaltungsspielraum für die Mitarbeiter und ein größeres Spektrum an Mitsprache bei Entscheidungen. Eine Voraussetzung dafür ist, dass prozessbegleitend den Mitarbeitern verdeutlicht wird, dass die Vergrößerung des Gestaltungs- und Mitspracheraums verknüpft ist mit der Erwartung eines höheren Maßes an Verantwortlichkeit hinsichtlich des Einzel-, Team- und Unternehmenserfolges. Der Abbau von hierarchischen Stufen ist gleichzusetzen mit einer Zunahme an unternehmerischem Denken und Handeln bei allen Betroffenen.

Abbau hierarchischer Strukturen

Zunahme unternehmerischer Verantwortung aller Beteiligten

Die Wirkung lateralen Führens

Eine Herausforderung – und wir gingen daran, uns intensiver mit der Thematik zu beschäftigen, um darauf aufbauend ein Konzept für ein Seminarangebot zu entwickeln. Die Auseinandersetzung mit dem Thema wirft spannende Fragen auf und es finden sich interessante Ansätze, die angesichts der Herausforderungen unserer Zeit eine nähere Betrachtung verdienen. Ungeachtet der inhaltlichen Überlegungen beschäftigte uns auch die Frage, wie wohl die Mitarbeiter auf die Idee lateraler Führung reagieren würden.

2 | Und plötzlich soll ich führen ...

Laterales Führen ist Einflussnahme. Um das komplexe Spektrum, das sich hier eröffnet, abzubilden, beginnen wir mit der Darstellung eines typischen beruflichen Werdegangs, den wir klischeehaft nachzeichnen. Nach erfolgreichem Schulabschluss folgt die Ausbildung und im Anschluss daran beginnt das Arbeitsleben. Alles in allem eine lange Zeit und eine Zeit, in der wir neben unterschiedlichsten Erfahrungen immer auch viele Erfahrungen im Zusammenhang mit dem Thema der Einflussnahme sammeln.

Erfahrungen von Einflussnahme im Rahmen eines typischen beruflichen Werdegangs

In der frühen Kindheit, im Elternhaus, erlernen wir vieles über den Umgang miteinander. Wir erfahren vieles über Regeln, gewünschte und unerwünschte Verhaltensweisen und im Rahmen erzieherischer Prozesse lernen wir durch sprachliche und kognitive Vermittlung und/oder auch durch außersprachliche Anweisungen und Verhaltensweisen. Vieles lernen wir durch Beobachten der Personen, die mit uns umgehen. Wie wirken sie auf uns ein? Wann und auf was reagieren sie? In welcher Qualität erleben wir den Kontakt? Wie und durch was unterscheiden sich die Menschen, die Kontakt zu uns haben? Wie häufig und wie lange findet der Kontakt statt?

Es sind aber nicht nur die eigenen unmittelbaren Erfahrungen, die ihre Spuren hinterlassen, sondern auch die Beobachtungen der Interaktionen von Personen im unmittelbaren Umfeld. Wie gehen die Menschen miteinander um? Wie reagieren sie aufeinander? Wir registrieren auf vielfältige und subtile

Art, wie Personen zu uns stehen, wie sie mit anderen umgehen. Wir spüren sehr wohl, ob uns zum Sammeln eigener Erfahrungen Freiräume gewährt werden oder ob es stärker darum geht, gelenkte Erfahrungen zu machen. Kinder spüren auch etwas davon, wie tragfähig und liebevoll die Beziehung ist, auf deren Grundlage sie das Abenteuer Leben beginnen.

Ein großer Teil unserer sozialen Kompetenzen und Fähigkeiten entsteht in der frühen Kindheit

Alles, was sich an Erfahrungen häufig wiederholt und alles, was mit einem hohen Maß an Emotionen verbunden ist, wird in uns und unserem späteren Verhalten, Denken und Fühlen Spuren hinterlassen. Ein großer Teil unserer sozialen Kompetenzen und Fähigkeiten entsteht, so zumindest nach Erkenntnissen der aktuellen Hirnforschung, in dieser sehr frühen Zeit der Kindheit.

Im Kindergarten oder in der Kindertagesstätte sammeln wir Erfahrungen im Umgang mit Gleichaltrigen und erleben zugleich den gestaltenden Einfluss von Erzieherinnen und Erziehern. Je nach Einrichtung und pädagogischem Konzept kann dies sehr unterschiedlich verlaufen. Vielleicht lernen wir bereits spielerisch eine Fremdsprache, vielleicht gibt es Vorschulangebote. Gemeinsame und verbindende Erfahrung dieser Zeit ist, dass es einen bewusst gestaltenden Einfluss durch Erzieher und/oder Erzieherinnen gibt und die verstärkte Begegnung mit Gleichaltrigen erlebt wird.

In der folgenden Schulzeit verstärkt sich vermutlich der Eindruck, dass es die Institution Schule und die Lehrkräfte sind, die einen gestaltenden und lenkenden Einfluss auf unser Verhalten ausüben. Lehrkräfte, die Rahmenlehrpläne umsetzen und zugleich vermitteln, wer darüber entscheidet, mit welchen Themen, in welcher Tiefe und mit welchem Zeitaufwand sich wer damit auseinanderzusetzen hat. Wir lernen, was es heißt, dass Leistungen benotet werden und dass das Erreichen definierter Leistungsnormen Voraussetzung ist, um versetzt zu werden. Lernen findet in klar abgesteckten Räumen und in vordefinierten Rhythmen statt. Einflussnahme vollzieht sich im Rahmen asymmetrischer Rollenverteilungen, über Regeln der Institution, ein Leistungs- und Benotungssystem und die pädagogischen Qualitäten und Kompetenzen der Lehrkräfte. Wir erfahren auch etwas über die Zeit nach der Schule und die Erwartungen, die das Arbeitsleben dann an uns stellen wird, und welche Möglichkeiten wir – mit unserem Schulabschluss – haben und welche wir nicht haben.

In der Schule geschieht Einflussnahme im Rahmen asymmetrischer Rollenverteilungen

Nehmen wir an, dass wir nicht studieren, sondern den Weg einer Ausbildung nehmen. Unsere Auswahl orientieren wir möglicherweise mehr an den vermuteten Chancen, im Anschluss an die Ausbildung später einen Job zu finden, und weniger an unseren Talenten und Neigungen. Wir wissen, dass die Zeit sicherer Arbeitsplätze und langfristiger Arbeitsverträge vorbei ist und dass wir nach der Ausbildung mit keiner Übernahmegarantie rechnen können. Vielleicht weichen wir auf einen Ausbildungsberuf aus, der uns zwar als ein Beruf mit bestmöglichen Arbeitschancen vermittelt wird, aber unseren Vorstellungen und Neigungen gar nicht entspricht.

Möglicherweise kämpfen wir mit Leidenschaft um einen Ausbildungsplatz und bereiten uns mit aller Raffinesse und unter Ausnutzung aller Kontakte und Netzwerke auf ein Vorstellungsgespräch vor. Die Fragen, die uns beschäftigen, sind: Wie schaffen wir es, dass unsere Bewerbungsunterlagen möglichst oben auf dem Stapel landen und in die engere Auswahl kommen? Wie können wir im Bewerbungsgespräch gezielt versuchen, auf die Entscheidung unserer Gesprächspartner positiv einzuwirken? Welche Techniken der Einflussnahme versprechen in einem Bewerbungsgespräch den größten Erfolg, wie gelingt es uns, uns positiv darzustellen? Selbst bei guten Noten, das haben uns alle erfahrenen Berater vermittelt, müssen wir zusehen, dass wir uns gut verkaufen.

Während der Ausbildung sammeln wir nun Erfahrungen, was es bedeutet, sich in eine Organisation einzufügen und den Anweisungen von Ausbildern zu folgen. Wir erwerben nicht nur prüfungsrelevante Inhalte für den Ausbildungsabschluss, sondern lernen zugleich auch etwas über die Abläufe in der Organisation. Wir erleben einen oder auch mehrere Führungsstile, spüren unsere Reaktion darauf und beobachten die Reaktionen anderer Mitarbeiter. Wir lernen, dass es strategisch richtig und sinnvoll ist, den vorgegebenen Zielen einer Organisation zu folgen und dass es unterschiedliche Wege gibt, diese zu erreichen. Klare hierarchische Strukturen weisen jedem in der Organisation eine feste Position zu – und so auch uns.

Wir lernen, dass Aufgaben idealerweise exakt definiert sind und von Mitarbeitern entsprechend korrekt zu erledigen sind. Wir lernen, dass Führungskräfte anders wahrgenommen werden, dass aber auch Mitarbeiter Einfluss nehmen können. Manche tun dies angetrieben von der Vorstellung, Karriere zu

Während der Berufsausbildung lernen wir, was es bedeutet, sich in eine Organisation einzufügen

machen. Sie bemühen sich durch auffallend gute Leistungen oder den Aufbau und das Entwickeln von guten Beziehungen. Dazu nutzen sie reale Kontakte und knüpfen Kontakte über virtuelle Netzwerke.

Andere agieren auf ganz andere Art und Weise. Unbeobachtet nutzen sie Freiräume für eigene Aktivitäten oder arbeiten nach Vorschrift. Wieder andere machen im „Untergrund" gezielt Stimmung gegen bestimmte Führungskräfte und deren Handlungsweisen, indem sie Gerüchte verbreiten. Wieder andere, auch das können wir registrieren, werden krank, manche davon krank durch Stress oder Druck. Andere sprechen davon, dass sie gehört haben, dass man Arbeitsplätze abbauen wolle, und wieder andere verlieren ihre Arbeit oder werden frühzeitig in den Ruhestand geschickt. All dies nimmt Einfluss auf uns, das Team und die gesamte Organisation.

Die Gestaltung der Lebens- und Erfahrungswelten von Schule und Ausbildung liegt stark in der Obhut anderer

Wir haben nun über zwei Jahrzehnte hinweg unterschiedliche Erfahrungen gesammelt, die uns mehr oder weniger stark geprägt haben. Eine Gemeinsamkeit dieser Phasen ist, dass die Gestaltung der Lebens- und Erfahrungswelten stark in der Obhut anderer lag. Dies heißt keineswegs, dass nicht auch wir durch eigenes Verhalten und Zutun prägend und gestaltend mitgewirkt haben. Aber – und dies ist vermutlich auch hängen geblieben – es gibt so etwas wie ein „oben" und ein „unten" und es gibt Menschen, die aufgrund ihrer Position offensichtlich die Möglichkeit haben, deutlich stärker als andere Einfluss zu nehmen. Wir haben gelernt, uns in hierarchischen Strukturen zu bewegen. Wir haben gesehen und gehört, wie andere sich in diesen Strukturen bewegen, wie sie agieren und reagieren. Wir haben erfahren, wie man sich in einer Organisation bewegen kann. Wir kennen Mittel und Wege, in einer Organisation voranzukommen und wissen, welche Einflussmöglichkeiten es gibt, die sich gegen die Organisation richten. Wir wissen, wie es sich anfühlt, betrieblich geführt zu werden und welche Handlungen und Reaktionen dies bei uns auslöst.

Im Beruf will man selber Einfluss ausüben

Ausgestattet mit diesem Wissen und dieser Erfahrung starten Mitarbeiter nun in das Berufsleben. Viele verfolgen das Ziel, voranzukommen und streben an, in einer Organisation aufzusteigen. Sie wollen selbst Führungskraft werden und damit über mehr Einflussmöglichkeiten verfügen. Sie haben das Ziel, führen zu wollen und einer von denen zu sein, die Einfluss ausüben können und dürfen.

12

Was wir bei dem beschriebenen Verlauf, der keinesfalls den Anspruch auf Vollständigkeit erhebt, bisher nicht berücksichtigt haben, sind die Rahmenbedingungen. Wir haben uns nicht das Umfeld angesehen, in dem dies alles vor sich geht. Alle Beteiligten, Eltern, Lehrer, Ausbilder, Führungskräfte, Mitarbeiter und andere haben möglicherweise nur das weitergegeben, was sie selbst erfahren und gelernt haben. Würden wir das Führungsverhalten der meisten Führungskräfte über einen längeren Zeitraum beobachten, kämen wir vermutlich zu dem Ergebnis, dass ihr Verhalten durchaus auch situationsabhängig ist. Es gibt offensichtlich eine Vielzahl von Faktoren, die das Verhalten von Führungskräften beeinflusst.

Ein nicht unwesentlicher Teil des Verhaltens von Führungskräften wird geprägt sein durch ihre individuellen Erfahrungen der Vergangenheit. Weitere Teile sind besetzt durch Erwartungen seitens der Organisation, durch die Erwartungen der Mitarbeiter, die eigenen Idealvorstellungen von Führung, die Erwartungen der unmittelbaren Vorgesetzten und vieles mehr. Das Verhalten, so unsere Erfahrung, ist das Produkt dieser unterschiedlichen und zum Teil auch kontroversen Teile.

Führungsverhalten hängt von den Erfahrungen aus der Vergangenheit und dem jeweiligen Umfeld ab

Welche Einflussnahmen und Umfeldbedingungen uns und unsere Führungskräfte auch immer geprägt haben:

EINE DER GEMEINSAMKEITEN WIRD SEIN, DASS DIE MEISTEN VON UNS FÜHRUNG UND EINFLUSSNAHME IM RAHMEN HIERARCHISCHER STRUKTUREN ERLEBT UND ERFAHREN HABEN.

In diesen Strukturen gibt es Positionen, die, je höher sie in einer Organisation angesiedelt sind, mit einer zugleich steigenden Möglichkeit, Einfluss zu nehmen oder Macht auszuüben verbunden sind. Die in der Hierarchie höherstehende Person hat das verbriefte Recht, jeweils rangniederen Personen Anweisungen zu geben, und diese haben die Pflicht, den Weisungen nachzukommen.

Es sind Zeiten vorstellbar, in denen hierarchische Strukturen und Organisationen gut funktionieren und zu den Rahmenbedingungen passen. Klare hierarchische Strukturen, klare Rollenverteilungen, klare Aufgaben führten zu Erfolg und guten Ergebnissen. Unternehmen waren mit Produkten erfolg-

Es sind Zeiten vorstellbar, in denen hierarchische Strukturen und Organisationen gut funktionieren

reich, durchdrangen Märkte, schufen Märkte und wuchsen, je besser ihnen dies gelang. Dem Grundsatz folgend, „mehr vom Gleichen", steigerten sie die Produktionszahlen. Organisationen wuchsen nach den Prinzipien, unter denen sie in der Vergangenheit ihren Erfolg erreicht hatten.

Unternehmen bemühten sich bei wachsendem Absatz, ihre Produkte und Dienstleistungen immer effizienter herzustellen. Doch mit Öffnung der Märkte stellten Mitbewerber vergleichbare und ähnliche Produkte her. Aufgrund anderer Rahmenbedingungen, zum Teil zu wesentlich geringeren Produktionskosten. Die Globalisierung verschärfte den Wettbewerb um Kunden und Marktanteile.

Auf gesättigten Märkten mit hohem Innovationsdruck herrschen neue Spielregeln

Die Rahmenbedingungen haben sich verändert und damit ändern sich auch die Anforderungen an Unternehmen, an die Mitarbeiter und die Führungskräfte. Unternehmen, die in dieser neuen Wettbewerbssituation bestehen wollen, brauchen ein Alleinstellungsmerkmal, welches sie deutlich und unverwechselbar von ihren Mitbewerbern absetzt. Auf den Punkt gebracht hat dies Jack Trout mit seinem Buch „Differentiate or die": Unternehmen, denen es nicht gelingt, sich vom Wettbewerb zu unterscheiden, haben nur eine geringe Chance zu überleben. Gefordert ist insbesondere Innovationsfähigkeit, denn kein Unternehmen ist geschützt davor, dass andere ein vergleichbares Angebot auf den Markt bringen. Möglicherweise zu einem attraktiveren oder aggressiven Preis und/oder mit einer besseren Serviceleistung.

Über Jahrzehnte haben sich kreative Entwickler mit der Entwicklung neuer Produkte und Dienstleistungen beschäftigt, ohne dabei den Fokus auf den Kundennutzen zu setzen. Trends gab es immer, aber die Zyklen der Trends verkürzen sich immens. Kunden und Unternehmen leben heute in einer Welt immer schnellerer Veränderungen. Zugleich steigt die Komplexität der zu lösenden Aufgaben.

Die Komplexität der zu lösenden Aufgaben steigt

Um auf diese veränderten Rahmenbedingungen reagieren zu können, bedarf es eines hohen Maßes an Flexibilität. So, wie Kunden und Mitarbeiter herausgefordert sind, sich stetig neu zu orientieren und sich mit neuen Einflüssen auseinanderzusetzen, sind dies auch die Unternehmen.

Unternehmen, die in diesen Rahmenbedingungen bestehen wollen, brauchen Organisationsstrukturen, die ihnen ein schnelles und flexibles Reagieren ermöglichen. Sie benötigen

14

ein hohes Maß an Beweglichkeit. Eine klassische starre hierarchische Struktur bräuchte, um dem Anspruch der Beweglichkeit zu genügen, einen genialen innovativen Kopf, der situativ alle Hebel in einer Organisationsstruktur schlagartig umlegen könnte. Regeln und Vorgaben müssten wie aus einem Guss jeder neuen Situation und Anforderung entsprechend sofort angepasst werden. Dieser „innovativ geniale Kopf" müsste über alle relevanten Informationen verfügen, diese selektieren und beurteilen können – und dies in Bezug auf alle Funktionen eines Unternehmens, um darauf aufbauend seine Entscheidung zu treffen. Gleichzeitig mit seiner getroffenen Entscheidung müsste er die erwähnten Hebel umlegen – und alles funktioniert. Eine Situation, die selbst bei kleinen Unternehmen kaum vorstellbar ist. Vergleicht man große Unternehmen mit Containerschiffen, ist bildlich schnell klar, dass sie für Kurskorrekturen wesentlich mehr Zeit und Raum benötigen als ein kleiner, wendiger Schlepper.

Eine klassische starre hierarchische Struktur ist zu träge, um den neuen Anforderungen gerecht zu werden

Um diese Wendigkeit zu erreichen, wird die Chance in der Abflachung hierarchischer Strukturen gesehen. Flachere Organisationsstrukturen, die schneller und beweglicher auf veränderte Rahmenbedingungen reagieren können.

Flache Organisationsstrukturen können schneller und beweglicher auf veränderte Rahmenbedingungen reagieren

MITARBEITER SOLLEN STÄRKER ALS BISHER AKTIV UND PROAKTIV EINGEBUNDEN WERDEN.

Es geht also um Organisationsformen, die auf die Kompetenz, die Erfahrung und das Wissen von Mitarbeitern setzen. Voraussetzend, dass Mitarbeiter bereit sind, ihr Expertenwissen konstruktiv der Organisation zur Verfügung zu stellen. Eine Situation mit neuen Anforderungen an die Organisation, neuen Vorstellungen von Führung und neuen veränderten Anforderungen an Mitarbeiter und Führungskräfte. Anforderungen an Mitarbeiter zu einem höheren Grad an unternehmerischem Denken und Handeln und Anforderungen an Führungskräfte, bei denen es weniger um Weisung und Kontrolle, sondern um Kooperation geht. Anforderungen, die letztendlich ein klassisches Verständnis von Führung infrage stellen.

Es geht weniger um Weisung und Kontrolle, als um Kooperation

Kehren wir noch einmal zurück zu unserem fiktiven Beispiel einer beruflichen Entwicklung. Vorbereitet auf eine Situation, in der Einflussnahme und Führung an eine eher hierarchisch geprägte Organisationsstruktur gebunden waren, so die bisherige Lebenserfahrung, sind Mitarbeiter nun mit neuen Anforderungen konfrontiert. Sie haben gelernt, sich in hierarchischen Organisationsstrukturen zu bewegen. Sie kennen die Regeln, haben eine Vorstellung von Führung und wirksamen Mechanismen der Führung, haben eine Vorstellung davon, wie man Karriere macht und was es bedeutet, in einer Hierarchie aufzusteigen. Nun werden sie mit der Idee flacher Organisationsstrukturen und den damit verbundenen Herausforderungen konfrontiert.

Unser beispielhaft beschriebener Mitarbeiter soll nun in einer Organisation Einfluss nehmen, die stärker auf die Kraft der Mitarbeiter und stärker auf die Kraft von Teams setzt und weniger auf Hierarchie und Positionen. Die Herausforderung der neuen Situation liegt darin, dass die Abflachung von Hierarchieebenen auch Fragen nach Führung und Einflussnahme aufwirft. Welche Folgen hat das für die Mitarbeiter und Führungskräfte, wie wird die Zusammenarbeit aussehen? Wird es in flachen oder flacheren Organisationen mit wenigen oder keinen Hierarchieebenen zukünftig noch Führung geben? Was passiert, wenn Führung zunehmend nicht mehr auf einer klaren Rollenverteilung basiert, die automatisch verknüpft ist mit Weisungsbefugnis? Wie kann Einflussnahme aussehen, wenn sie zunehmend – bildlich gesprochen – auf Augenhöhe stattfindet? Geht das überhaupt?

Die Abflachung von Hierarchieebenen wirft auch Fragen nach Führung und Einflussnahme auf

Wir gehen im Folgenden einigen dieser Fragen nach und stellen Ihnen Techniken der Einflussnahme vor, die nicht auf Weisungsbefugnis setzen. Das Ziel der vorgestellten Techniken ist die Förderung von Zusammenarbeit auf der Basis gegenseitiger Wertschätzung.

Doch zuvor wollen wir uns ansehen, ob es sich beim Thema laterale Führung nur um ein exotisches Phänomen handelt, im Sinne des x-hundertfachen Versuchs, eine neue Führungsvariante darzustellen, oder ob mehr dahintersteckt. Wir wollen auch etwas genauer als in dem einführenden Beispiel auf die veränderten Rahmenbedingungen eingehen und Fragen aufwerfen, ob die bestehenden Organisationsmodelle, Managementkonzepte und Führungskonzepte und -ideen ausreichende Antworten auf die aktuellen Anforderungen geben.

Unser Ziel und Anspruch ist es keinesfalls, ein allgemein gültiges Rezept zum Thema Führung zu entwickeln. Unser Ziel ist es, Fragen aufzuwerfen, zu hinterfragen und Denkanstöße zu geben. Unser besonderes Augenmerk gilt der Frage:

WIE KANN EINFLUSSNAHME AUSSEHEN, WENN FÜHRUNG STÄRKER ALS BISHER AUF DEN EINSATZ LEGITIMER MACHT VERZICHTET? WELCHE MÖGLICHKEITEN NACHHALTIGER EINFLUSSNAHME GIBT ES?

Wir betonen die Nachhaltigkeit der Wirkung, denn kurzfristige Einflussnahmen erfahren wir täglich, viele davon sind uns bewusst, doch ein großer Teil vermutlich eher nicht.

Jeder weiß, was Gespräche in uns auslösen können. Ein Satz, ein Wort, eine Geste können ein normales Gespräch schlagartig verändern und zu einem eskalierenden Streitgespräch führen, mit ungeahnten Folgen und weitab vom eigentlichen Ziel und Inhalt des ursprünglichen Gespräches. Manche kurzfristigen Einflusstechniken eignen sich vielleicht für verkäuferische Aktivitäten, insbesondere dann, wenn auf Kundenbindung kein großer Wert gelegt wird. Denken Sie an einen Einkauf im Supermarkt, bei dem Sie offensichtlich deutlich mehr gekauft haben als ursprünglich beabsichtigt.

Wenden wir uns dagegen der Einflussnahme im betrieblichen Zusammenhang zu. Für die nachhaltige Zusammenarbeit in Teams und/oder Organisationen scheinen kurzfristige Einflussnahmen bedeutungslos.

Für die nachhaltige Zusammenarbeit in Teams und/oder Organisationen scheinen kurzfristige Einflussnahmen bedeutungslos

EINFLUSSNAHME UND FÜHRUNG SIND ENG MITEINANDER VERKNÜPFT, DENN WER FÜHRT, WILL EINFLUSS NEHMEN.

Führung im betrieblichen Umfeld ist der Versuch einer Person A, das Verhalten einer Person B durch kommunikative Einflussnahme so zu beeinflussen, dass B das von A vorgegebene Ziel anstrebt und realisiert.

Führung ist nach unserem Verständnis ein Teilbereich, ein wesentlicher Teilbereich, mit dem Unternehmen versuchen, ihre Ziele zu realisieren. Führung ist eingebettet in die jeweilige Organisationsstruktur eines Unternehmens. Es sind nicht nur die vorgegebenen Führungsrichtlinien oder Führungsgrundsätze des Unternehmens, sondern auch die kommunizierten und gelebten und vorgelebten Wertvorstellungen, die

Einfluss nehmen. Konsequent weitergedacht ließe sich der Radius der Einflussfaktoren noch wesentlich weiter ziehen.

Neben den unternehmensinternen Vorstellungen zum Thema Führungsverhalten spielen auch externe Einflüsse eine Rolle. Dazu gehören Einflüsse durch den Austausch mit anderen Unternehmen und/oder die Einflüsse durch wissenschaftliche Forschungsergebnisse, Untersuchungen oder neue Theorien und Modelle zum Thema Führung.

Führungsideen und Modelle sind ihrerseits zeitabhängig, kulturabhängig, abhängig von wirtschaftlichen Rahmenbedingungen, technologischem Fortschritt und Wertvorstellungen. Ideen zum Thema Führung und Führungsverhalten müssen immer im Kontext der jeweiligen Rahmenbedingungen betrachtet werden.

3 VERÄNDERTE RAHMENBEDINGUNGEN: VOM RÄDCHEN IM GETRIEBE ZUM MITARBEITER

Um nachzuvollziehen, wie sich modernes Arbeiten aus altüberkommenem Hierarchiedenken löst, ist es sinnvoll, einen kurzen Abstecher in die Geschichte zu machen.

Bis zum Beginn der Industrialisierung herrschten patriarchalische und ständische Strukturen. Soziale Mobilität war ausgeschlossen und jeder hatte auf seinem von Geburt angestammten Platz zu bleiben. Wer in Armut geboren war, hatte also sein Los zu tragen, wurde allerdings von sozial Höherstehenden im Sinne eines gerechten Vaters versorgt. Mit sich verändernden Absatzmärkten, wachsender Bevölkerung, Landflucht und Verstädterung brachen die alten, traditionellen Strukturen der Zunft- und Standesordnungen auf.

Mit dem Aufbrechen der traditionellen Zunft- und Standesordnungen war der Industriearbeiter sich selbst überlassen

Neue Formen der Arbeit entstanden und die Menschen lebten und arbeiteten außerhalb der alten, zwar kärglichen aber existenzsichernden Versorgungssysteme, was zu einer drastischen Zunahme von Armut und Verelendung führte, da kein patriarchalischer Herr mehr für sie sorgte. Der Arbeiter des angehenden 19. Jahrhunderts war zwar aus der feudalen Abhängigkeit befreit, aber nicht gewohnt, auf eigenen Beinen zu stehen, chronisch in seiner Existenz bedroht. Hunger und Not waren die Haupttriebfedern für die Arbeiter, denn wer nicht im Elend leben wollte, musste arbeiten. Es galt: Wer essen wollte, musste auch arbeiten. Gleichzeitig mit dem Arbeiterproletariat wuchs die Anzahl der Kaufleute und Industriellen.

Mit dieser neuen Situation verbunden entwickelte sich die Überzeugung, dass es jedem offenstehe und nur eine Frage des Einsatzes und des Wollens war, aufzusteigen und erfolgreich zu sein.

F. W. Taylor: Arbeit ist hierarchisch organisiert, Arbeitsabläufe sind bis ins Detail berechenbar

Im Rahmen zunehmender Industrialisierung stellte sich die Frage, wie Unternehmen von wachsender Größe organisiert und geführt werden müssen, um möglichst effizient zu funktionieren. Frederick Winslow Taylor entwickelte 1911 mit seinen „Grundsätzen der wissenschaftlichen Betriebsführung" Vorstellungen, die noch bis in die heutige Zeit wirken. Er war davon überzeugt, dass unternehmerischer Erfolg auf der Basis wissenschaftlicher Grundlagen planbar und berechenbar ist, dass es also einen „besten" Weg gibt und optimale Arbeitsabläufe berechnet werden können. Entsprechend wurden Bewegungsabläufe detailliert aufgenommen und unter Effizienzgesichtspunkten ausgewertet.

Nach Taylor lassen sich Arbeitsabläufe optimal berechnen

Häufig zitiert wird das Beispiel vom „Pennsylvania Dutchman", dessen Arbeitsleistung durch exakte Vorgaben und extrinsische Motivation (Bezahlung nach Akkord) um ein Vielfaches gesteigert werden konnte. Taylor beschreibt eine Situation, in der 75 Mann Roheisen verladen. Alle gute Durchschnittsverlader. Ein ausgezeichneter Vorarbeiter führt die Kolonne an. Das Gewicht pro Barren beträgt circa 40 kg und die Leistung pro Mann und Tag beläuft sich im Durchschnitt auf 12,5 Tonnen. Die „wissenschaftlichen Auswertungen" ergeben, dass diese Leistung bei optimaler Besetzung und optimalen Abläufen auf 47 bis 48 Tonnen pro Tag gesteigert werden konnte. Gesucht wird nun ein geeigneter Mitarbeiter, der im Hinblick auf das neue Ziel am Erfolg versprechendsten ist.

Taylors Wahl fällt auf den deutschen Auswanderer Schmidt, eben den „Pennsylvania Dutchman". Schmidt verdiente bis zu folgendem Gespräch 1,15 Dollar pro Tag: *„Schmidt, sind Sie eine erste Kraft ?" „Well, – ich verstehe nicht." „Oh ja, Sie ver-*

stehen mich ganz gut. Ich möchte wissen, ob Sie eine erste Kraft sind oder nicht?" „Ich kann Sie nicht verstehen." „Heraus mit der Sprache! Ich möchte wissen, ob Sie eine erste Kraft sind oder so einer, der den übrigen billigen Arbeitern gleicht. Ich möchte wissen, ob Sie 1,85 Dollar pro Tag verdienen wollen oder ob Sie mit 1,15 Dollar zufrieden sind, das heißt mit dem, was die billigen Leute bekommen." „1,85 Dollar pro Tag verdienen wollen, heißt man das eine erste Kraft? Well, dann bin ich so einer." (Taylor, 1913)

Taylor macht Schmidt klar, dass 1,85 Dollar pro Tag daran gebunden sind, dass er klaren Anweisungen folgt. Neben dem Dutchman steht ein Mann mit einer Uhr, der ihm vorgibt, wann und wie er einen Eisenbarren aufzuheben hat, wie er gehen soll und wann er sich setzen und ausruhen kann. Schmidt hat allen Anweisungen strikt zu folgen, Fragen stehen ihm nicht zu. Auf dieser Basis erreicht der Dutchman eine Tagesleistung von 47 Tonnen, die er auch hält. Nach und nach werden auch die anderen Arbeiter entsprechend trainiert.

Taylors Konzept beruht auf einer klaren Hierarchie. Die Rolle der Führungskräfte als Instruktoren ist eindeutig definiert. Sie machen die Vorgaben und kontrollieren Ablauf und Ergebnis. Der Mitarbeiter ist ein Rädchen im Unternehmen. Output und Erfolg eines Unternehmens sind abhängig von der perfekten Funktionalität aller ineinandergreifenden Rädchen.

Bis heute finden sich in vielen Unternehmen Managementgrundsätze, die deutlich an die Arbeiten F. W. Taylors erinnern

Bis heute finden sich in vielen Unternehmen Managementgrundsätze, die deutlich an die Arbeiten von F. W. Taylor erinnern:

- Der Grundsatz der Spezialisierung. Mitarbeiter erwerben ein hohes und differenziertes Spezialwissen, bezogen auf ein klar abgegrenztes Fach- oder Aufgabengebiet. Dadurch besteht allerdings die Gefahr eines eingeschränkten Blickwinkels.
- Der Grundsatz der Standardisierung. Gerade in technischen Produktionsabläufen kann Standardisierung zu einer Optimierung und zu einer deutlich höheren Effizienz führen. Berechtigt scheint uns allerdings die Frage, ob sich Standardisierung auf menschliche Verhaltensweisen übertragen lässt und ob dies sinnvoll ist.
- Der Grundsatz von zentraler Planung und Steuerung. In einem geschlossenen und klar durchdefinierten System,

in dem alle Faktoren und Rahmenbedingungen vorhersehbar und berechenbar sind, sind zentrale Planung und Steuerung sicher hilfreiche Instrumente. In einem offenen System mit zunehmender Komplexität, vielen Unwägbarkeiten und schnell wechselnden interdependenten Rahmenbedingungen scheinen uns diese Instrumente in der Hand weniger, hierarchisch organisierter Personen dagegen weniger Erfolg versprechend.

- Der Grundsatz der hierarchischen Ordnung. Klare Vorgaben, eindeutige Aufgaben, fixierte Rollenverteilung sind Ausdruck der Überzeugung, alles regeln und ordnen zu können, um damit gezielt die angestrebten Ergebnisse zu erreichen. Zielerreichung und ein reibungsloser Ablauf werden durch Überwachung und strikte Kontrolle gewährleistet. Die Arbeiter fügen sich in ein vorgegebenes klar definiertes Rollen-, Werte- und Aufgabensystem ein. Wie tragfähig ist ein solches Modell in unserer heutigen Welt, in der sich die Rahmenbedingungen stetig ändern?
- Der Grundsatz der extrinsischen Motivation. Extrinsische Motivation geht von der Annahme aus, dass Menschen im Grunde unwillig sind und von sich aus nicht arbeiten wollen. Für Taylor gehörten Unternehmer und Mitarbeiter „verschiedenen Welten" an. Die einen sind berufen, Unternehmer zu sein, die anderen sind deren Gegner. Mitarbeiter gilt es einzupassen in ein vorfixiertes, von ihnen unabhängiges System. Gelingen kann dies nur durch externe, monetäre Anreize. Lässt sich dieses Gedankengut mit heutigen Sinn- und Motivationsstrukturen vereinbaren?

Haben diese Managementgrundsätze auch heute noch ihre Berechtigung und können den Fortbestand und die Zukunft von Unternehmen sichern? Reicht es, auf den alten Wegen weiterzugehen? Ist es möglicherweise nur notwendig, weiter zu optimieren, zu verfeinern, noch besser zu planen und zu steuern oder liegt die Lösung in völlig neuen Denkmodellen?

Diese Frage lässt sich nur mit einem Blick auf die heutigen Rahmenbedingungen beantworten. Was sind die Herausforderungen, vor denen Unternehmen heute stehen, und welche Konsequenzen haben sie für die Organisationsstrukturen, Managementkonzepte, Führungsstile und die Mitarbeiter der Unternehmen?

NIKOLAI KONDRATIEFF: DIE WIRTSCHAFT VERÄNDERT SICH GRUNDLEGEND IN AUFEINANDER FOLGENDEN ZYKLEN

In Zeiträumen von 45 bis 60 Jahren verändern Basisinnovationen die Wirtschaft immer wieder grundlegend

Der russische Wissenschaftler Nikolai Kondratieff stellte 1926 seine „Theorie der langen Wellen der Konjunktur" vor, heute bekannt als KONDRATIEFFZYKLEN. Nach Kondratieff lassen sich mit der Entstehung der Marktwirtschaft im 18. Jahrhundert konjunkturelle Langzeitzyklen mit einer Dauer von 45 bis 60 Jahren beobachten. Ausgelöst wird ein solcher Zyklus von BASISINNOVATIONEN, die in der Folge dann das Wachstum der Weltwirtschaft über mehrere Jahrzehnte bestimmen. Jede dieser technologischen Innovationen durchläuft einen den vier Jahreszeiten vergleichbaren Rhythmus, bis sich ihre Produktivität nicht mehr steigern lässt, sie an Bedeutung verliert und eine weitere Innovation einen neuen Zyklus einleitet.

Von der Dampfmaschine zur Wissensgesellschaft

Der erste Kondratieffzyklus wurde durch die Erfindung der Dampfmaschine ausgelöst und führte zu grundlegenden Neuerungen in der Textilindustrie. Im zweiten Kondratieffzyklus gingen die Impulse vom Rohstoff Stahl und der Erfindung der Eisenbahn aus. Elektrische und chemische Energie waren die Basisinnovationen des dritten Zyklus, gefolgt von der Ausbreitung des Automobils als Impulsgeber des vierten Zyklus. Der fünfte Kondratieff begann in den 1970er-Jahren und ist der erste Zyklus, der nicht mehr nur von den traditionellen Ressourcen Bodenschätze, Güterproduktion, Energie und Kapital getrieben wird, sondern eine völlig neue Qualität ins Spiel bringt: Wissen und Information.

Die Informationstechnologie hat ihren Zenit erreicht und wir stehen an der Schwelle eines neuen Zyklus

Leo A. Nefiodow sieht heute auch die Informationstechnik an ihrem Zenit und erkennt in den folgenden fünf Bereichen das Potenzial zum Impulsgeber für einen neuen Aufschwung, den sechsten Kondratieff: Information (Wissen), Umwelt, Biotechnologie, optische Technologien (einschließlich Solartechnik) und Gesundheit. Wichtig für unser Thema sind Nefiodows Thesen im Hinblick auf Organisationen, Führung und Zusammenarbeit. Ihm zufolge wird der bereits in der Informationsgesellschaft begonnene Prozess einer Enthierarchisierung und Dezentralisierung in Unternehmen weiter fortschreiten:

„Enthierarchisierung, Dezentralisierung, Teambildung und die Einführung neuer Organisationskonzepte ... können dazu führen, ... dass Machtkämpfe in großem Umfange ausbrechen ... Sie führen außerdem zu beträchtlichen Kosten und Zeiteinsparungen – und dadurch zur Vernichtung vieler Arbeitsplätze.

Neue Probleme tauchen auf: Wie bewerkstelligt man diese Umstrukturierung, ohne die Mitarbeiter zu demotivieren? Wie können die durch den Produktivitätsfortschritt frei werdenden Ressourcen genutzt werden, um genügend neue Arbeitsplätze zu schaffen?" (Nefiodow, 1997)

Waren Mitarbeiter in der Industriegesellschaft erfolgreich, wenn sie sich in der organisatorischen Hierarchie an Vorgaben hielten, zählen nun zunehmend Eigenmotivation und Engagement. Unternehmen brauchen den selbstständigen, kooperativen und kreativen Mitarbeiter mit einer hohen psychosozialen Kompetenz.

Unternehmen brauchen den selbstständigen, kooperativen und kreativen Mitarbeiter mit einer hohen psychosozialen Kompetenz

Sehen wir uns um, nehmen wir wahr, wie unterschiedlich Unternehmen in der aktuellen, wirtschaftlich schwierigen Lage vorgehen. Während es Unternehmen gibt, die ihre Situation überdenken und mittel- und langfristig innovative Lösungen anstreben (wie es die Seite WWW.WORLDBLU.COM zeigt), suchen andere ihr Heil in einer Verschärfung der Bedingungen: Der Niedriglohnsektor wächst, Arbeitsverhältnisse werden lediglich temporär geschlossen werden und es gibt Arbeitsverhältnisse, die man schlichtweg als sittenwidrig bezeichnen kann. Die Sendung *Panorama – Die Reporter* vom 2. Juni 2010 (ARD) berichtete über die Recherchen verdeckter Ermittler in norddeutschen Firmen und zeigte, wie Arbeiterinnen in einem fensterlosen Raum zwischen Stoffbergen Kleidungsstücke aus Altkleidersammlungen im Akkord zerschnitten. Bei guter Leistung erreichten sie einen Stundenlohn von etwa drei Euro. Diese mittelalterlich anmutenden Beispiele sind Beispiele für ausbeuterische autoritäre Führung.

Kehren wir zurück zu unserer Frage, wie können/müssen Unternehmen und wie können Führungskräfte und Mitarbeiter auf die veränderten Rahmenbedingungen konstruktiv und zukunftsorientiert reagieren – oder noch besser, wie können sie *proaktiv* agieren. Unternehmen müssen wirtschaftlich erfolgreich sein. Dazu brauchen sie zufriedene, besser noch begeisterte Kunden. Kundenorientierung erhöht zwar die Chance, Kundenerwartungen gerecht zu werden, aber eine verpflichtende Bindung erwächst daraus nicht automatisch.

Wie sollen Unternehmen auf die veränderten Rahmenbedingungen reagieren?

Auch vor diesem Hintergrund sind Unternehmen gezwungen, ihre Vorgehensweisen und Strukturen zu überdenken. Sind hier Entscheidungen getroffen, gilt es, die Trägheits- und

Beharrungskräfte gewachsener Organisationen zu überwinden, verkrustete Strukturen aufzubrechen und die Mitarbeiter und Führungskräfte frühzeitig in den Veränderungsprozess einzubinden. Je frühzeitiger dies geschieht, desto höher ist die Bereitschaft, den Veränderungsprozess gemeinsam und konsequent zu gestalten und erfolgreich umzusetzen.

NUR MITARBEITERZENTRIERTE MANAGEMENTKONZEPTE BRINGEN UNTERNEHMEN NACHHALTIGE WETTBEWERBSVORTEILE

Während Produkte und auch Dienstleistungen heute in kürzester Zeit kopiert werden können, bringen innovative Managementkonzepte, die auf Einbindung und Motivation der Mitarbeiter abstellen, auch länger anhaltende Wettbewerbsvorteile. Der Grund:

ENGAGEMENT, WISSEN, KENNTNISSE UND FÄHIGKEITEN MIT IHRER ORGANISATON FEST VERBUNDENER MITARBEITER UND DIE DARAUS ERWACHSENE PRODUKTIVITÄT LASSEN SICH NICHT SO EINFACH KOPIEREN.

Beispiele für alternative Managementkonzepte

Viel zitiertes Beispiel für eine erfolgreiche Innovation im Bereich von Managementkonzepten der Neuzeit ist sicherlich Toyota. Bei Toyota nutzte man schon sehr früh das Wissen von Mitarbeitern. Auf allen Ebenen des Unternehmens wurden sie eingeladen, an kontinuierlichen Verbesserungsprozessen mitzuarbeiten.

Ein Beispiel für ein erfolgreiches Einzelhandelsmodell auf einem komplexen und wettbewerbsintensiven Markt ist Whole Foods Market. Der Gründer, John Mackey, setzt in seiner Unternehmensphilosophie auf Liebe und nicht auf Angst. Wertschätzung, Vertrauen und Kooperation als Gegenpart zu Druck, Vorschriften und Kontrolle. Sein Ziel ist es, über die Entscheidungsbeteiligung und die Förderung der Zusammenarbeit unter Mitarbeitern einen Nutzen, einen Mehrwert für die Kunden zu schaffen. Die Zusammenstellung der Sortimente erfolgt durch kleine Teams, die für die jeweilige Abteilung zuständig sind. Die Teams entscheiden eigenständig, welche Produkte sie in das Sortiment aufnehmen und welche nicht. Ihre Entscheidungen fällen sie anhand ihrer eigenen unmittelbaren Beobachtungen am Point of Sale (POS). Mackey weiß, dass die Mitarbeiter den besten Einblick haben. Die Mitarbeiter wissen am besten, was Kunden kaufen und was sie kaufen wollen. Sie sind die Experten in diesem Bereich.

Alle Mitarbeiter haben Einblick in die relevanten Marktzahlen, Einnahmen und Ausgaben. Ein motivationaler Anreiz erfolgt über Prämienzahlungen. Diese werden aber nicht an einzelne Mitarbeiter gezahlt, sondern an die Teams. Das Gehalt des Vorstandsvorsitzenden wurde auf das maximal vierzehnfache der durchschnittlichen Mitarbeitergehälter begrenzt.

Was verbindet nun die beiden völlig unterschiedlichen Unternehmen Toyota und Whole Foods Market? In beiden Beispielen stellen sich die Rolle der Mitarbeiter, ihre Einflussmöglichkeiten und die im Hintergrund wirkenden hierarchischen Strukturen völlig anders dar, als in vielen anderen uns bekannten Unternehmen. In beiden Fällen haben die Teams erweiterte Einflussmöglichkeiten. Sie folgen nicht ausschließlich den Anweisungen der ihnen vorgesetzten Führungskräfte. Die Wahrnehmungen der Mitarbeiter und ihre daraus abgeleiteten Vorschläge sind nicht nur erwünscht, sondern werden bewusst gefördert und haben konkreten Einfluss auf unternehmensrelevante Prozesse.

Teams haben erweiterte Einflussmöglichkeiten

Damit sind wir aber nun recht nahe an unserem Thema „Führen auf Augenhöhe". Wir haben uns bewusst für diese Formulierung entschieden, da die Bezeichnung „laterales Führen" häufig noch im Zusammenhang mit Projektabwicklungen oder im Kontext gleichgestellter Führungskräfte einer höheren Hierarchieebene verwandt wird.

4 FÜHREN AUF AUGENHÖHE – VERSUCH EINER DEFINITION

Was konkret ist nun unter „Führen auf Augenhöhe" oder „lateral Führen" zu verstehen? Lateral steht für „seitlich". Führen steht für Einflussnahme. Führen ist gebunden an mindestens zwei Personen und an den Versuch der einen Person, das Verhalten der anderen Person im Hinblick auf ein Ziel und dessen Erreichen zu beeinflussen.

FÜHREN AUF DER BASIS LEGITIMER MACHT

Beim Führen auf Augenhöhe geht es um Einflussnahme auf horizontaler Ebene. Mit jeder Abflachung einer hierarchischen Grundstruktur nähme also der Grad der lateralen Führung zu. In hierarchisch gegliederten Organisationen ist klar geregelt, wer in einer Situation Geführter und wer Führer ist. Das Hilfsmittel, um das zu beschreiben, ist die Über- und Unterstellung und das Festlegen und Zuordnen von Weisungsbefugnis. Die *Die Führungskraft hat* Führungskraft erhält das, was man landläufig als legitime *legitime Macht* Macht umschreibt.

In dem Buch „Alice hinter den Spiegeln" von Lewis Carroll illustriert die Begegnung von Alice mit dem Wesen Goggelmoggel recht anschaulich den Begriff legitimer Macht: Nachdem Goggelmoggel Alice berichtet hat, dass man ihm eine Krawatte zum Ungeburtstag geschenkt habe, lässt er Alice das Verhältnis von Geburtstag zu Ungeburtstagen berechnen:

Goggelmoggel: *„Also, wie gesagt, es sieht zwar aus, als sei es richtig – ich kann es jetzt freilich nicht im Einzelnen durchgehen – und daraus geht hervor, dass du an dreihundertvierundsechzig Tagen im Jahr etwas zum Ungeburtstag geschenkt bekommen kannst. ... Zum Geburtstag nur an e i n e m, nicht wahr. Wenn das keine Glocke ist!" „Ich verstehe nicht, was Sie mit ‚Glocke' meinen",* sagte Alice. Goggelmoggel lächelte verächtlich. *„Wie solltest du auch – ich muss es dir doch zuerst sagen. Ich meinte: ‚Wenn das kein einmalig schlagender Beweis ist!'" „Aber ‚Glocke' heißt doch gar nicht ein ‚einmalig schlagender Beweis'",* wandte Alice ein. *„Wenn ich ein Wort gebrauche",* sagte Goggelmoggel in recht hochmütigem Ton, *„dann heißt es genau, was ich für richtig halte – nicht mehr und nicht weniger." „Es fragt sich nur",* sagte Alice, *„ob man Wörter einfach etwas anderes heißen lassen kann." „Es fragt sich nur",* sagte Goggelmoggel, *„wer der Stärkere ist, weiter nichts."*

Goggelmoggel entscheidet und er entscheidet, weil er sich für den Stärkeren hält. Dies, so seine Haltung, berechtigt ihn, Begriffe so zu definieren, wie es ihm passt. Seine Position des Stärkeren verleiht ihm die Macht, eine Diskussion für überflüssig zu erklären.

Untersuchungen haben gezeigt, dass Führungskräfte, die von ihrer legitimen Macht Gebrauch machten, dazu neigen, dies zu wiederholen. Es scheint also ein gewisser Reiz darin zu liegen, Macht auch zu benutzen, wenn sie als erfolgreiches Instrument in ihrer Wirkung erlebt und eingesetzt wurde.

Laterales Führen: Einflussnahme ohne legitime Macht

Laterales Führen kann dagegen nicht auf das Mittel legitimer Macht zurückgreifen. Die laterale Führungskraft hat keine Weisungsbefugnis und dennoch soll – oder will – sie Einfluss nehmen. Dies scheint zunächst ein Widerspruch. Führung ist ja der Versuch, das Verhalten anderer zu beeinflussen. Dies verbinden wir häufig mit hierarchischen Strukturen und setzen damit automatisch eine Rollenverteilung voraus. Demnach wäre eine laterale Führungskraft eine Person, die ohne die offizielle Rollenübernahme oder Rollenzuweisung der klassischen Führungskraft Führungsaufgaben übernimmt oder übernehmen will. Dies weckt Gedanken an verdeckte Führungskräfte, die als Mitarbeiter kaschiert versuchen, Einfluss zu nehmen. Dies scheint uns allerdings kaum ein dienliches Mittel angesichts der bestehenden Herausforderungen.

Die laterale Führungskraft hat keine Weisungsbefugnis und dennoch soll – oder will – sie Einfluss nehmen

Wenn wir von lateraler Führung sprechen, dann basiert dies auf dem Gedanken, dass Führung ein elementarer Bestandteil von Kommunikation ist. Anschaulich hat dies Paul Watzlawick mit dem prägnanten ersten Axiom seines Kommunikationsmodells auf den Punkt gebracht, das lautet: *„Man kann nicht nicht kommunizieren."* Wo immer Menschen sich begegnen, findet Kommunikation und damit Einflussnahme statt.

Führung ist ein elementarer Bestandteil von Kommunikation

Noch viel deutlicher wird dies, wenn wir uns das Vier-Ohren-Modell von Schulz von Thun zu Hilfe nehmen (siehe auch Kap. 6.5.2). In allem, was wir kommunikativ tun, steckt immer auch ein Appell. Was aber ist ein Appell anderes, als das Bemühen, etwas bei meinem Gegenüber zu erreichen? In jedem Gespräch, in jeder Begegnung mit einem oder mehreren Menschen findet also ein stetiger Prozess wechselseitiger Beeinflussung statt.

In allem, was wir kommunikativ tun, steckt immer auch ein Appell

In dem Moment, in dem einer der beteiligten Personen die Rolle der Führungskraft zugeschrieben wird, wird aus einer symmetrischen eine asymmetrische Beziehung. Dies besagt nichts über richtig oder falsch, es besagt nur, dass ab diesem Moment die Aussage der „Führungskraft" einen höheren Stellenwert hat und damit ihr Einfluss deutlich gewichtiger wird. Unabhängig vom stetigen gegenseitigen Bemühen der Einflussnahme hat also die Führungskraft jederzeit die Möglich-

Beziehungen, die auf legitimer Macht beruhen, sind asymmetrisch

keit, ihre „Macht" geltend zu machen. Voraussetzung ist, dass die Beteiligten die Rollenzuweisungen akzeptieren.

Wir alle kennen aber auch Situationen, in denen erfolgreich Einfluss genommen wird, ohne dass einer Person die Rolle der Führungskraft zugeschrieben wurde. Es sind ganz unterschiedliche Phänomene, die uns bewegen können, Dinge zu tun, die wir uns womöglich nie hätten vorstellen können.

Denken Sie an Menschen, die Sie sympathisch finden, oder gehen wir noch einen Schritt weiter: Menschen die Sie bewundern oder gar lieben. Die Bewunderung für Menschen regt andere an, es ihnen gleichzutun oder von ihnen zu lernen. Nehmen Sie alternativ den Einfluss, den sympathische Menschen ausüben oder Menschen, in die Sie sich verlieben. Menschen, die lieben, kommen nicht nur auf die verrücktesten Dinge, sondern sie setzen sie auch um – und dies völlig freiwillig. Menschen werden kreativ und erfindungsreich in diesem Zustand des Verliebtseins. Liebende Menschen überwinden Hindernisse, eigene Ängste, setzen sich mit anderen Kulturen auseinander, lernen eine Fremdsprache usw. – und all dies tun sie freiwillig. Es gibt also offensichtlich Zustände und Motive, die uns bewegen und beeinflussen, ohne dass sie an externe Anweisungen gebunden sind.

WENN WIR DEN FÜHRUNGSBEGRIFF SO AUSWEITEN, DANN IST LATERALE FÜHRUNG DIE GEGENSEITIGE UND WECHSELSEITIGE BEEINFLUSSUNG AUF HORIZONTALER EBENE.

DIE CHANCEN LATERALER FÜHRUNG HÄNGEN VOM JEWEILS HERRSCHENDEN MENSCHENBILD AB

In seinem 1960 veröffentlichten Buch „The human side of enterprise" entwickelt Douglas McGregor gemäß den gängigen Vorstellungen von Führungskräften über ihre Mitarbeiter zwei idealtypische Theorien über das Arbeitsverhalten von Menschen: Theorie X und Theorie Y.

Theorie X: Der Mensch ist im Prinzip arbeitsunwillig und nicht zu motivieren

Der Mensch nach Theorie X hat eine angeborene Abneigung gegen Arbeit und ist der natürliche Feind von Arbeit-Gebern. Wann immer es ihm möglich ist, wird er sich vor der Arbeit drücken. Er ist nur extrinsisch zu motivieren, aber letztlich reicht auch ein höheres Gehalt nicht aus, ihn nachhaltig zu motivieren. Was ihn bewegt, sich anzustrengen, ist die Androhung von Strafe oder die Vermeidung persönlicher Nachteile. Er zieht Routinearbeiten vor. Ehrgeiz und Verantwortung sind ihm gänzlich fremd.

Führungskräfte, die eine solche Vorstellung von ihrem durchschnittlichen Mitarbeiter haben, arbeiten mit Kontrolle und Überwachung und geben Mitarbeitern keine Frei- und Handlungsspielräume. Sie schränken die Entfaltungsmöglichkeiten von Mitarbeitern stark ein. Dieses Verhalten wiederum führt bei vielen Mitarbeitern zu zunehmender Unzufriedenheit, woraus die Führungskräfte für sich ein noch härteres und stringenteres Führungsverhalten ableiten und rechtfertigen.

Der Mensch nach Theorie Y arbeitet dagegen gern. Arbeit ist etwas genauso Natürliches wie Spiel oder Ruhe. Sieht er ein für sich sinnvolles Ziel, setzt er sich dafür ein. Ein selbst gesetztes oder akzeptiertes Ziel verpflichtet zu Selbstkontrolle und Disziplin. Bekommt er Raum zur Selbstentfaltung, identifiziert er sich mit seinem Unternehmen, in dem und für das er arbeitet. Der Mensch nach Theorie Y ist davon überzeugt, dass nicht nur wenige über Kreativität und Konfliktlösungspotenzial verfügen, sondern viele. Er ist überzeugt, dass Menschen Verantwortung übernehmen wollen und diese aktiv suchen.

Theorie Y: Der Mensch ist im Prinzip arbeitswillig und motiviert sich selbst

Führungskräfte, die ihre Mitarbeiter so sehen und sich entsprechend verhalten, fördern deren Arbeitszufriedenheit und sind daher in einem viel stärkeren Maße ein Garant für ein erfolgreiches Unternehmen als ihre Kollegen, die ihre Mitarbeiter „an der kurzen Leine halten".

STANDORTBESTIMMUNG

Wer führt oder führen will, sollte zunächst eine Standortbestimmung, bezogen auf die eigenen Vorstellungen und Wertvorstellungen, vornehmen. Dies gilt in erheblichem Maße für klassische Führungskräfte mit Weisungsbefugnis. Sie verfügen über die Ressource legitimer Macht. Dies berechtigt sie, Entscheidungen zu treffen, beinhaltet aber zugleich ein weites Feld möglicher Konsequenzen. Unabhängig von sachlichen Aspekten ihrer Entscheidung wirkt sich diese auf die Wahrnehmung ihrer Person, die Beziehungen zu ihnen und anderen, die Bereitschaft zu Mitarbeit und Motivation, die grundsätzliche Arbeitshaltung etc. aus.

Die eigenen Vorstellungen und Wertvorstellungen reflektieren

Neigen wir dazu, den Prämissen der Theorie X zu glauben, halten wir Menschen also grundsätzlich für arbeitsunwillig und nicht zu motivieren, führt die Idee des lateralen Führens unweigerlich in eine Sackgasse.

Doch was geschieht, wenn wir von Theorie Y überzeugt sind? Menschen wollen arbeiten, kreativ sein, sind am wirtschaftlichen Erfolg interessiert, wollen Lösungen entwickeln und legen Wert darauf, dass ihnen Arbeit und Zusammenarbeit Spaß machen. Stellen wir uns vor, es begegnen sich in einem Unternehmen Menschen, die tatsächlich dem Idealbild des unternehmerisch mitdenkenden Mitarbeiters entsprechen. Bekommt dann laterale Führung nicht eine ganz andere Bedeutung? Ist es nicht einen Gedanken wert, zu überlegen, welche Folgen dies für eine Organisationsstruktur hätte?

Sieht man Mitarbeiter vor dem Hintergrund der Theorie Y, eröffnen sich Chancen

Lassen wir uns auf das Menschenbild nach Theorie Y ein, benötigen Unternehmen dann tatsächlich noch viele Hierarchieebenen? Wären diese Unternehmen vielleicht innovativer, da sich alle bemühten, zeitnahe Lösungen zu finden? Wären solche Unternehmen nicht auch wesentlich flexibler, da sie nur wenige (flachere) Strukturen hätten, die stetig den wechselnden Rahmenbedingungen angepasst würden? Hätten diese Unternehmen nicht vielleicht eine innere Kraft, die sie für Kunden besonders interessant machen? Wären hier womöglich Mitarbeiter beschäftigt, die gerne und engagiert arbeiten?

LATERALE FÜHRUNG WÄRE IN EINEM SOLCHEN UNTERNEHMEN DAS BEMÜHEN ALLER MITARBEITER ZUR GEGENSEITIGEN KONSTRUKTIVEN BEEINFLUSSUNG IM HINBLICK AUF DAS ERREICHEN GEMEINSAM VEREINBARTER ZIELE.

Wir alle sind geprägt durch unsere Erfahrungen und Sozialisationsprozesse

Es gibt ein weiteres Argument, mit dem wir ermutigen wollen, die Haltung zu überdenken. Wir alle sind geprägt durch unsere Erfahrungen und Sozialisationsprozesse. Das, was unser Verhalten wesentlich mitbestimmt, sind unsere Überzeugungen und Wertvorstellungen. Diese begegnen uns in Form so genannter Glaubenssätze. Dies sind die Überzeugungen, nach denen wir handeln, es sind, wenn Sie so wollen, unsere eigenen Regeln und Gesetze, denen wir folgen. Es ist unsere Sicht auf die Welt und unsere Art ihr zu begegnen.

Wir haben in unserem Eingangsbeispiel grob dargestellt, dass wesentliche Teile unseres Sozialverhaltens eine lange Vergangenheit haben und in unserer frühen Kindheit entstanden sind. Wahrnehmungen und Einstellungen zu verändern, die in einer solchen Tiefe in uns verwurzelt sind, ist schwer, vielleicht sogar nur möglich in therapeutischen Zusammenhängen. Selbst wenn es gelingt, die bewusste Einstellung zu Dingen durch Nachdenken zu verändern, bleibt die Frage der Dauerhaftigkeit. Dies gilt insbesondere dann, wenn Menschen in konkreten Situationen unter Stress geraten und herausgefordert werden. Je stärker der Grad der Konfrontation, desto fragiler der Boden, auf dem Menschen bewusst, souverän und kognitiv gesteuert agieren. Dennoch, wer führt oder führen will, sollte sich seiner Einstellungen bewusst sein und über Fähigkeiten der Selbstreflexion verfügen.

Von welcher Vorstellung, was Menschen zum Arbeiten bewegt, gehen Sie aus und sind es nur die Führungskräfte, die Einfluss nehmen?

Von welcher Vorstellung, was Menschen zum Arbeiten bewegt, gehen Sie aus?

AUCH MITARBEITER VERFÜGEN ÜBER EINFLUSSSTRATEGIEN

Natürlich verfügen auch Mitarbeiter über Einflussstrategien. Rolf Wunderer spricht in diesem Zusammenhang von „Führung von unten". In seinem Buch „Führung und Zusammenarbeit" (Wunderer, 2000) nennt er sechs Einflussdimensionen:
- Begründung im Sinne sachlich rationaler Argumentation
- Freundlichkeit und ein kooperatives, unterstützendes Verhalten
- mit Bestimmtheit auftreten, nachhaken, konsequent sein
- Koalitionen mit anderen bilden
- Einbeziehung einer höheren Autorität
- Aushandeln, Verhandeln, bzw. Tauschgeschäfte im Sinne der Wechselseitigkeit

Es bestehen in Teams so durchaus wechselseitige Beziehungen, die sich gegenseitig in ihrem Verhalten bedingen und jedes Mitglied des Unternehmens nutzt unterschiedliche Möglichkeiten, Einfluss zu nehmen. Manche davon halten wir für sinnvoll und gut. Bei manchen ist es sicherlich gut, von ihnen zu wissen, um sie entsprechend entlarven zu können. Manche sind möglicherweise nur eine Spielerei und einige grenzwertig, wenn es etwa um kurzfristige und manipulative Techniken der Einflussnahme geht.

Jedes Mitglied des Unternehmens nutzt unterschiedliche Möglichkeiten, Einfluss zu nehmen

ZUFRIEDENHEIT IN DEUTSCHEN UNTERNEHMEN

Dass gute Beziehungen in vielen Unternehmen offensichtlich nicht gelingen, zeigen die Ergebnisse der Gallup-Studie zur

Die Arbeitszufriedenheit in deutschen Unternehmen nimmt ab

Zufriedenheit in deutschen Unternehmen. Betrachtet man die Werte des Engagementindex der Jahre 2001 bis 2008, haben sich diese verschlechtert. Waren es 2001 noch 16 Prozent der Mitarbeiter, die eine hohe emotionale Bindung an ihr Unternehmen hatten, sank dieser Wert im Jahr 2008 auf 13 Prozent und der Prozentsatz von Mitarbeitern, die keine emotionale Bindung an das Unternehmen haben, stieg von 2001 15 Prozent auf 20 Prozent 2008.

Nun sind sicherlich nicht ausschließlich Führungskräfte für dieses Ergebnis verantwortlich, aber sie tragen aus unserer Sicht erheblich zu diesen Ergebnissen bei. Die Ergebnisse zeigen auf drastische Weise, wie wenig es offensichtlich Unternehmen gelingt, eine gute Beziehung zu Mitarbeitern aufzubauen.

Die klassischen Instrumente der Einflussnahme scheinen zu versagen

Im Hinblick auf unser Thema der Einflussnahme scheinen die klassisch angewandten Instrumente zu versagen, wenn es das Ziel dieser Unternehmen war und ist, das Potenzial von Mitarbeitern konstruktiv zu nutzen. Die abnehmende Bindung zwischen Unternehmen und Mitarbeitern lässt vielmehr vermuten, dass das Potenzial positiver mikropolitischer Einflussmöglichkeiten nicht zielführend ausgeschöpft wird.

VERORTUNG IN DER PRAXIS ÜBER DAS KONTINUUMMODELL

Während McGregor, durchaus auch in polarisierender Absicht, ein Schwarz-Weiß-Bild zeichnet, wird es in der Praxis so sein, dass jeder von uns hinsichtlich seiner Vorstellung vom Menschen und von dessen Arbeitswillen irgendwo auf einer Linie zwischen den Extremen von Theorie X und Y einen Grauwert belegt. Ob als klassische Führungskraft oder laterale Führungskraft sollte uns dabei immer bewusst sein, dass unsere Vorstellungen einen starken Einfluss auf unser Verhalten und damit auch auf unsere Auswahl und den Einsatz sowie die Wirkung der von uns angewandten Einflusstechniken haben.

Welche Bereitschaft besteht, andere an Entscheidungen zu beteiligen?

Grundlegend hier ist die Frage nach der Bereitschaft, andere an Entscheidungen zu beteiligen. Folgen wir der Polarisierung, dann bietet sich als Darstellungsmodell das Kontinuummodell von Tannenbaum und Schmidt an. Das Modell verdeutlicht, dass Führungskräfte die Möglichkeit haben, zunehmend Verantwortung abzugeben und spiegelbildlich Mitarbeiter die Möglichkeit haben, Mitverantwortung zu übernehmen.

autoritär	patriar-chalisch	beratend	konsultativ	partizipativ	delegativ	kooperativ
Vorgesetzter entscheidet ohne Konsultation der Mitarbeiter	Vorgesetzter entscheidet; ist aber bestrebt, die Mitarbeiter von seinen Entscheidungen zu überzeugen, bevor er sie anordnet	Vorgesetzter entscheidet; gestattet jedoch Fragen, um durch deren Beantwortung Akzeptanz für seine Entscheidungen zu erreichen	Vorgesetzter orientiert seine Mitarbeiter über beabsichtigte Entscheidungen; die Mitarbeiter haben die Möglichkeit, ihre Meinung zu äußern, bevor der Vorgesetzte die Entscheidung trifft	Die Gruppe entwickelt Vorschläge; aus den gemeinsam gefundenen und akzeptierten Vorschlägen entscheidet sich der Vorgesetzte dann für denjenigen, den er am besten findet	Die Gruppe entscheidet, nachdem der Vorgesetzte zuvor das Problem aufgezeigt und die Grenzen des Entscheidungsspielraums festgelegt hat	Die Gruppe entscheidet, der Vorgesetzte koordiniert den Entscheidungsprozess und vertritt die Entscheidung nach außen

Kontinuummodell von Tannenbaum und Schmidt (nach Tannenbaum / Schmidt, 1958)

Wir finden auf der linken Seite des Modells die autoritäre Führungskraft, die im extremsten Fall in einem autokratischen System, in einer stark hierarchischen Struktur ihren Willen durchsetzt. Sie agiert in einer straffen Organisation, trifft alle Entscheidungen, regelt alle Abläufe, sorgt für einen passgenauen und wohl dosierten Informationsfluss, wohl wissend, dass Informationen auch eine Ressource der Macht darstellen. Ziele werden durch die Organisation und die Führungskraft gesetzt, die Prozesse und Wege sind streng formalisiert, die Kontrolle erfolgt extern durch die Führungskraft bzw. die Organisation. Wir gehen davon aus, dass wir dieses Modell nicht weiter beschreiben müssen, da es hierzu ausreichend Material und Beschreibungen gibt.

Doch wie sieht es auf der rechten Seite des Modells aus? Gibt es auch dazu Vorstellungen? Gibt es ein spiegelbildliches

Das Modell der Heterar-
chie als Gegenkonzept
zur Hierarchie

Gegenstück zur Hierarchie? Das Modell, das sich anbietet, ist die Heterarchie. Wir wollen dieses Modell kurz beschreiben, wobei uns bewusst ist, dass wir nun ein „Modell" skizzieren, das für den einen oder anderen Leser unrealistisch und idealistisch klingen mag. Wir zeigen aber im Anschluss, dass es durchaus Unternehmen gibt, die in eine solche Richtung gehen. Auch im Hinblick auf die Thematik dieses Buches hat dieses Modell für uns eine besondere Bedeutung. Das Modell baut auf einer flachen Hierarchie auf. Im Extremfall finden wir keine Hierarchiestufen mehr vor, das heißt, auch die letzte Stufe der Trennung zwischen Unternehmensleitung und Mitarbeitern würde entfallen. In der Heterarchie findet dennoch Führung statt, wenn wir hier unseren Begriff der lateralen Führung anwenden. Denn es geht in der Heterarchie um konsensuale Entscheidungsfindung und diese kann nur erfolgen, wenn sich alle Beteiligten durchaus im Sinne einer gegenseitigen konstruktiven Beeinflussung aktiv einbringen.

5 BEISPIELE FÜR DEMOKRATISCHE ORGANISATIONSFORMEN

5.1 Das Modell der Heterarchie

VOM WEISUNGS- ZUM VERHANDLUNGSSYSTEM

Im Unterschied zur Hierarchie, bei der Entscheidungen ganz oben zentral gefällt und in einem hierarchischen Weisungssystem kaskadenförmig nach unten transportiert werden, erfolgt die Entscheidungsfindung in einer Heterarchie durch Abstimmung zwischen gleichberechtigten Entscheidungsträgern. Die Beteiligten sind also keine Befehlsempfänger, sondern an einem kooperativen Entscheidungsprozess beteiligt.

Die Willensbildung
erfolgt durch Verhand-
lungen zwischen den
Beteiligten

Die Heterarchie ist ein Verhandlungssystem: Die Willensbildung erfolgt durch Verhandlungen zwischen den Beteiligten. Kein Beteiligter ist von den Kommunikations- und Entscheidungsprozessen ausgeschlossen. Damit ein solches System funktioniert, bedarf es einer offenen und authentischen Kommunikation, transparenter Entscheidungsvorgänge sowie Regelungen, wie in Konfliktfällen entschieden werden soll.

Dieser Anspruch der Entscheidungsfindung, der auf der Partizipation aller und dem Prinzip der Entscheidungsfindung durch Verhandlung basiert, ist sicherlich nur in zahlenmäßig begrenzten Systemen möglich. Je größer die Anzahl der Beteiligten, desto größer sind die Herausforderungen im Hinblick auf das Finden gemeinsamer Lösungen. Mit der Anzahl der Beteiligten steigt die Anzahl notwendiger Verhandlungsinteraktionen und damit der Aufwand an Abstimmung und an Konsensfindung. Von daher kann es auch in einer Heterarchie notwendig sein, zeitlich begrenzte Hierarchie zuzulassen.

Auch in einer Heterarchie kann es notwendig sein, zeitlich begrenzte Hierarchie zuzulassen

Heterarchien leben von einem hohen aktiven Beteiligungsgrad aller Beteiligten. Dies wird nun in der Realität nicht immer zutreffend sein, da die Interessen und Voraussetzungen der Beteiligten unterschiedlich sind und nicht immer das gleiche Engagement und Interesse bei allen zu lösenden Problemen und Entscheidungen vorausgesetzt werden kann. Eine Heterarchie gleicht hier einem lebendigen Organismus, der sich je nach Situation und Lage optimal neu organisiert.

Entsprechend den aktuellen Anforderungen erfolgen Verhandlungen zwischen allen Beteiligten aber unter deutlichem Einfluss der jeweiligen Experten. Dieser Einfluss ist aber nicht erzwungen, sondern geschieht auf der Basis einer freiwilligen Akzeptanz und Würdigung der wahrnehmbaren Reputation von Mitgliedern. Der Einfluss von Mitgliedern, die in der Situation einen „Expertenstatus" haben, ist damit zeitlich begrenzt und abhängig von den Anforderungen. Somit entsteht durchaus eine konstruktive, kontextgebundene Wettbewerbssituation unter den Mitgliedern, die allerdings auch eine wichtige Erfahrung im Hinblick auf die Entwicklung von Verhandlungskompetenzen darstellt.

Experten haben bei der Entscheidungsfindung großen Einfluss

Fachliche Inkompetenz, der Versuch, Macht im hierarchischen Sinn auszuüben, der Einsatz mikropolitischer Techniken oder Taktiken (also die alltäglichen, von subjektivem Interesse geleiteten Machtspiele) werden schneller entlarvt.

ZIELFINDUNG: ALLE ZIEHEN AN EINEM STRANG

Jede Organisation, jedes Unternehmen verfolgt ein Ziel. Dieses Ziel wird in der Regel durch den Unternehmer repräsentiert, der damit zugleich auch den Entscheidungsspielraum der Mitglieder der Organisation oder Unternehmung begrenzt. In hierarchischen Strukturen erfolgt die Festlegung von Zielen in der Regel durch Vorgaben und Durchsetzung von „oben" oder in einer gemilderten Variante durch gemeinsame Abstimmung von Zielen in begrenzten Gestaltungsräumen.

Heterarchien gewähren Freiräume, die, wenn alle Schranken fehlen, zu chaotischen, ineffizienten und ineffektiven Situationen führen können. Die Heterarchie geht allerdings vom Menschenbild der Theorie Y McGregors aus (siehe Kap. 4). Es ist das Interesse aller Mitarbeiter, an der Verbesserung aller internen und externen Prozesse, Produkte und Dienstleistungen zu arbeiten. Heterarchien können nur funktionieren, wenn alle Mitglieder gemeinsame Überzeugungen, Werte und Normen teilen und auf dieser Basis das gleiche Ziel verfolgen. Dies entlastet nicht nur die Unternehmensleitung, sondern führt über die Identifikation mit den Zielen der Organisation auch zu einem hohen Gemeinschaftsgefühl und zu einer hohen Selbstverpflichtung, die der Einzelne gegenüber der Gruppe entwickelt und erfährt. Im Idealfall wird es so sein, dass sich die individuellen Ziele der Mitglieder mit den Zielen der Organisation und der Unternehmensleitung decken und alle stetig und flexibel an der Optimierung der Zielerreichung arbeiten.

Eine Heterarchie kann nur funktionieren, wenn alle Mitglieder gemeinsame Ziele, Überzeugungen, Werte und Normen teilen

Die Anforderung an Menschen, die in einer Heterarchie arbeiten, sind hoch. Ausgeprägtes Verantwortungsbewusstsein, eine hohe Bereitschaft zu Lernprozessen und Lernerfahrungen und eine hohe Sozialkompetenz sind gefragt.

AUTONOMIE UND VERMITTLUNGSFÄHIGKEIT ALS KARDINALTUGENDEN

Zusammenarbeit ist, insbesondere wenn sie gelingt, ein hoher zusätzlicher Motivationsfaktor. In einem solchen Arbeitsklima entstehen kreative Räume für neue Ideen. Gleichzeitig wird von allen Beteiligten ein hohes Maß an Autonomie gefordert. Parallel dazu aber auch die Fähigkeit zur Kommunikation, zur Auseinandersetzung und zu gemeinsamen Entscheidungsfindungen. Jedes Organisationsmitglied ist aufgefordert zu Offenheit, Toleranz, Ehrlichkeit und partnerschaftlichem Verhalten. Damit entfallen die in einer Hierarchie häufig anfallenden Auseinandersetzungen und „Spiele" um Positionen, Rang und Stellung der einzelnen Gruppenmitglieder. Im Zusammenwirken dieser unterschiedlichen Kräfte bedarf es zugleich einer

In funktionierenden Heterarchien entfallen die üblichen „Machtspiele" einzelner Gruppenmitglieder

Selbstbeschränkung im Hinblick auf die Verständigung der gemeinsamen Ziele.

In Bezug auf unser Thema der Einflussnahme in lateralen Beziehungen kommt der Fähigkeit der Vermittlung von Expertenwissen eine hohe Bedeutung zu. Expertenwissen erschöpft sich hier nicht in reinem technischen Fachwissen, sondern deckt ein breites Feld unterschiedlicher Themen ab, die relevant im Prozess der Entscheidungsfindung sein können. Etwas zu wissen ist nur eine Seite, die notwendige andere, durchaus ebenbürtige anspruchsvolle Herausforderung ist, dieses Wissen anderen zu vermitteln, damit das gemeinsame Ziel erreicht werden kann. Vermittlungsfähigkeit ist nun keine Fähigkeit, die sich automatisch mit dem Erwerb von Expertenwissen einstellt. Es sind aber Fähigkeiten, die gelernt werden können und auf die wir im Kapitel über das Thema „Kommunikation" eingehen (siehe Kap. 6.5).

Der Fähigkeit der Vermittlung von Expertenwissen kommt eine hohe Bedeutung zu

Nicht gefragt sind in einer Heterarchie charismatische Führungspersönlichkeiten, da ihr Einfluss den Entscheidungsfindungsprozess zu Ungunsten einer konsensualen Entscheidung der Gruppe beeinflussen könnte. Die Teilnehmer der Gruppe agieren in beratender Funktion auf der Basis ihres „Expertenwissens" und liefern Informationen, die es allen Teilnehmern ermöglichen sollen, eine Entscheidung zu treffen. Damit sind alle Teilnehmer der Gruppe potenzielle Führungskräfte, die ihren Einfluss im kooperativen Zusammenspiel aller Beteiligten einbringen. Die Gruppe leitet und koordiniert sich über die Beiträge der einzelnen Mitglieder selbst und ist damit eine Führungsgemeinschaft, der keine einzelne Führungsperson oder Führungsgruppe vorsteht.

Vor dem Hintergrund ihres Beitrags zur Zielerreichung sind alle Teilnehmer der Gruppe potenzielle Führungskräfte

Möglichkeiten der Entscheidungsfindung

Es entspräche einer realitätsfernen Utopie, davon auszugehen, dass alle Verhandlungen und Beratungen in einer Heterarchie immer zu einem schlüssigen und dissensfreien Verhandlungsergebnis führen. Allein die selbstbeschränkenden Rahmenbedingungen und die Zielvorstellung fordern dazu auf, über Verfahren nachzudenken, wie tragfähige Verhandlungsergebnisse erreicht werden können.

Nach Markus Reihlen (Reihlen, 1998) bieten sich vier Entscheidungsverfahren an: Kompromiss, Konsens, Abstimmung und unabhängige Expertenentscheidung.

Kompromisse bergen die Gefahr, dass in Bezug auf das angestrebte Ergebnis Abstriche gemacht werden könnten

- KOMPROMISSE bergen die Gefahr, dass in Bezug auf das angestrebte Ergebnis Abstriche gemacht werden könnten. Das Ergebnis wäre damit möglicherweise nicht mehr optimal. Es könnte vielleicht den Ansprüchen der beteiligten Entscheidungsträger genügen, nicht aber dem Anspruch eines potenziellen Kunden. Es würde damit einem möglichen Ziel der Organisation oder Unternehmung entgegenwirken.

- Attraktiver als pragmatisch Kompromisse zu schließen, ist natürlich die Möglichkeit, einen von allen getragenen KONSENS zu entwickeln. Aber gerade bei komplexen Themenstellungen und Aufgaben und auch in größeren interdisziplinären Teams kann dies, wo eine Einigung nicht durch argumentativen Austausch und Verhandlungen erreicht werden kann, zu einem Unterfangen werden, das den Rahmen der Möglichkeiten einer Organisation oder Unternehmung überstrapaziert. Auch dies könnte damit zu weniger guten und weniger optimalen Ergebnissen führen.

- Auch wenn das ABSTIMMUNGSVERFAHREN keine optimale Lösung darstellt, so beruht es doch auf einem Mehrheitsprinzip, das allen Beteiligten ermöglicht, in gleichberechtigter Weise Einfluss zu nehmen. Somit kann es nach Austausch und Verhandlung aller Argumente durchaus eine legitime Möglichkeit sein, ein Ergebnis herbeizuführen, das von der Mehrheit getragen wird und durch Anerkennung der Vorgehensweise auch von der Minderheit toleriert und akzeptiert wird. Inhaltlich entscheidend ist, dass Voraussetzungen, Hintergründe und Konsequenzen der zu treffenden Entscheidung allen bekannt sind. Formal muss das Abstimmungsverfahren von allen akzeptiert werden, mit klaren Regeln versehen und als fester Bestandteil der Kommunikationskultur anerkannt sein.

Abstimmungsverfahren und die Einbindung unabhängiger Experten müssen von allen Beteiligten akzeptiert werden

- Auch die EINBINDUNG EINES UNABHÄNGIGEN EXPERTEN oder Expertenteams stellt eine Möglichkeit der Entscheidungsfindung dar. Auch hier ist es wichtig, dass das gewählte Verfahren die Akzeptanz und die Anerkennung aller Beteiligten hat. Der Experte oder das Expertenteam nutzt alle vorgetragenen Argumente, wägt diese ab und kommt auf dieser Basis zu einem Ergebnis. Wichtig ist, dass sie ihren Entscheidungsprozess für alle transparent und verständlich darstellen.

In der Praxis wird von der jeweiligen Situation abhängig zwischen diesen Möglichkeiten der Entscheidungsfindung entschieden werden müssen, um zu einer von allen getragenen Lösung zu gelangen. Ihnen voraus gehen immer Prozesse einer auf Argumentation, Verhandlung und Austausch beruhenden Auseinandersetzung im Netzwerk aller Beteiligten. Sollte es dabei zu Konflikten kommen, bieten sie auch Möglichkeiten der Konfliktintervention.

Im Unterschied zur Macht, die genommen oder übertragen wird, beruhen die in Heterarchien zum Einsatz kommenden Einflusstechniken viel stärker auf den Fähigkeiten und Fertigkeiten ihrer Mitglieder, sind vielen zugänglich und zu einem erheblichen Anteil auch erlernbar.

Die Einflusstechniken in Heterarchien beruhen viel stärker als Macht auf den Fähigkeiten und Fertigkeiten ihrer Mitglieder

Natürlich ist auch in einer Heterarchie niemand vor manipulativen oder persuasiven Einflusstechniken gefeit. Allerdings können wir davon ausgehen, dass diese in einer Heterarchie viel schneller erkannt und kommuniziert und damit auch korrigiert werden können.

Während im Rahmen einer Hierarchie immer damit gerechnet werden muss, dass die auf der Basis von Macht getroffenen Entscheidungen zwar vordergründig, aber nicht nachhaltig akzeptiert werden, sind Entscheidungen in einer funktionierenden Heterarchie in der Regel von tragender Wirkung.

Mitarbeiter in Heterarchien sind motivierter

Durch den hohen Grad der Partizipation sind Mitarbeiter und Mitarbeiterinnen in Heterarchien in einer vollkommen anderen Form motiviert als in Hierarchien. Im Rahmen von stetigen Veränderungsprozessen ist es wichtig, dass auch Mitarbeiter in einem stetigen Lernprozess stehen. Lernen funktioniert aber dann am effektivsten, wenn es Spaß macht, Einsicht vorhanden ist und wenn es freiwillig geschieht. Faktoren, die in einer Heterarchie viel leichter entstehen. Es ist die eigene Einsicht in die Notwendigkeit des Lernens, als Produkt der eigenen Wahrnehmung.

In einer Heterarchie haben die Beteiligten direkt oder indirekt Zugang zu allen Schnittstellen der Organisation. Neue Anforderungen werden unmittelbar wahrgenommen, werden gewichtet, kommuniziert und es besteht damit die Möglichkeit, unmittelbar darauf zu reagieren. Neue Situationen, neue

Anforderungen erfordern ein hohes Ausmaß an Kreativität und Innovationsbereitschaft.

Wie eingangs erwähnt, ist Innovationsfähigkeit und Innovationsbereitschaft ein wesentliches Merkmal erfolgreicher Unternehmen. Das Modell der Heterarchie liefert also im Rahmen aktueller Anforderungen an Unternehmen im Hinblick auf ihr Innovationspotenzial durchaus interessante Anregungen. Auch wenn es nur als theoretischer Idealtypus skizziert ist, zeigen Praxisbeispiele reale Umsetzungsmöglichkeiten.

HETERARCHIEN IN DER PRAXIS

Ein unternehmerischer Ansatz, der auf einer hohen Beteiligung von Mitarbeitern an Entscheidungsprozessen basiert

Betrachten wir ein aktuelles Beispiel. Gernot Pflüger beschreibt in seinem Buch „Erfolg ohne Chef" einen unternehmerischen Ansatz, der auf einer hohen Beteiligung von Mitarbeitern an Entscheidungsprozessen basiert. Er stellt dar, dass die Entwicklung seines Unternehmens CPP Studios Event GmbH vom Dienstleistungsunternehmen im Veranstaltungsbereich zum Kommunikations-Designer in ganz entscheidendem Maße darauf zurückzuführen ist, dass es bei CPP nur eine Hierarchiestufe gibt und alle Mitarbeiter an Unternehmensentscheidungen beteiligt sind. *„Die wirkliche Aufgabe vieler heutiger Angestellten ist nicht das sklavische Befolgen von Anordnungen oder das sture Umsetzen von Regeln. Sie ist vielmehr in der Herausforderung zu finden, seinen Arbeitgeber immer wieder zu verbessern, ihm zu helfen, sich neue Geschäftsfelder zu erschließen und sein Markenversprechen mit Leben zu füllen."* (Pflüger, 2009)

Alle Mitarbeiter bei CCP sind an Entscheidungsprozessen beteiligt, haben Einblick in alle Zusammenhänge und Vorgänge. Das hohe Maß an Gestaltungsspielraum sorgt für eine hohe Lernbereitschaft, ein hohes Maß an Veränderungsbereitschaft und eine gelebte gemeinsame Unternehmenskultur. Die Tätigkeitsfelder der Mitarbeiter haben sich parallel zu den Anforderungen stetig verändert. Die Bereitschaft zum Teilhaben und Mitgestalten gravierender Veränderungsprozesse habe, so Pflüger, mehr mit Firmenkultur, denn mit Alter und Ausbildung zu tun. Es seien Einsicht, Transparenz, Mitsprache, Mitgestaltungsmöglichkeiten, gemeinsame Zielvorstellungen und gegenseitige Wertschätzung, die Einfluss nehmen auf das Verhalten und das Engagement der Beteiligten.

40

Bei CPP bekommen alle 19 Mitarbeiter das gleiche Gehalt, nur die Inhaber verdienen mehr. Pflüger begründet dies mit dem höheren Maß an Risiko und Verantwortung, das ihm in Hinblick auf die finanziellen Aspekte niemand abnähme.

Ein anderes Beispiel für eine vergleichbare Organisationsstruktur und Unternehmenskultur ist das brasilianische Unternehmen Semco mit 3.000 Mitarbeitern. Semco stellt eine breite Palette von Produkten her, darunter Pumpen, Geschirrspülmaschinen und Kühlaggregate für Klimaanlagen.

Ricardo Semler beschreibt in seinem Buch „Das Semco System" den Weg von der hierarchischen Organisation zu einer demokratischen Organisation, in der Hierarchie abgebaut wurde und die radikal entbürokratisiert wurde. *„Ich hielt die Zeit für eine grundlegende Veränderung für gekommen, als wir so weit gegangen waren, Spezialisten für Zeitnahme und Arbeitsabläufe damit zu beauftragen, die Arbeitsweise unserer Arbeiter zu analysieren. Wir glaubten im Ernst, mithilfe dieser Experten könnten wir die Produktivität unserer Arbeiter steigern. Später haben uns diese dann gestanden, sie seien schnell dahintergekommen, wie sie die Stoppuhren der Analytiker manipulieren konnten, sodass sich die ganze Studie als Reinfall erwies.*

Wir brauchten einfach einen neuen Denkansatz. Fernandos Skepsis zum Trotz machte ich einen Anfang, indem ich die Mitarbeiter in unseren vier Unternehmenseinheiten aufforderte, ‚Komitees' zu bilden, die aus Vertretern aller Betriebsbereiche bestanden – außer dem Management." (Semler, 1993)

Alle Mitarbeitergruppen, ob Maschinisten, Lagerarbeiter, Büroangestellte oder technische Zeichner wählten einen Delegierten, der dann mit den Topmanagern in den Komitees zusammenarbeitete.

„Wir haben nichts anderes beseitigt als das blinde irrational autoritäre Gehabe, das sich produktivitätsmindernd auswirkt. Es freut uns, dass sich unsere Mitarbeiter selbstverantwortlich verwalten und organisieren. Es bedeutet nichts anderes, als dass sie sich für ihre Jobs und ihr Unternehmen engagieren, und das ist gut für uns alle." (Semler, 1993)

Semco gilt als Erfolgsunternehmen. Ricardo Semler und die Mitarbeiter von Semco haben es gemeinsam geschafft, den Unternehmensumsatz deutlich zu steigern und dies auf der

Basis von Respekt, Vertrauen und geteilter Leidenschaft. Die Fluktuationsrate bei Semco liegt unter einem Prozent.

Einen anderen Weg, aber durchaus vergleichbar mit dem Modell der Heterarchie, ging das niederländische Catering-Unternehmen SOV Catering Service, als man sich für eine soziokratische Organisationsform entschied.

5.2 Das Modell der Soziokratie

Die Soziokratie ist eine dem Modell der Heterarchie vergleichbare Variante. Ergänzend zu den dort aufgeführten Entscheidungsformen begegnet uns hier eine weitere Entscheidungsmethode, das Konzept des Konsent.

Das Modell der Soziokratie des Niederländers Gerard Endenburg basiert auf den Ideen und Gedanken des niederländischen Erziehungsreformers und Wissenschaftlers Kees Boeke. In deutlicher Abgrenzung zu Modellen hierarchischer Führung setzt auch das Modell der Soziokratie auf die Lenkung einer Organisation durch alle daran Beteiligten. Es zählt in der Soziokratie der Respekt vor jedem Individuum.

Das Bemühen um Konsens, wie im Modell der Heterarchie beschrieben, kann in der Praxis zu ineffektiven Prozessen führen, die keinesfalls mehr im Interesse von Unternehmen liegen. Statt Energie in das Erreichen unternehmensrelevanter Ziele zu investieren, besteht die Gefahr, dass sich Mitglieder in ineffizienten und langatmigen Diskussionen verstricken, Besprechungen und Verhandlungen in Grundsatzdiskussionen ausarten und Beiträge zum Zwecke der Selbstinszenierung oder zur Durchsetzung subjektiver Ziele genutzt werden.

Um ineffektive Prozesse im Bemühen um Konsens zu vermeiden, setzt die Soziokratie auf eine ausgefeilte Gruppenorganisation

Im Unterschied zur Heterarchie gibt es daher in der Soziokratie vier Grundregeln. Die Soziokratie setzt auf eine ausgefeilte Gruppenorganisation, die parallel zu einer hierarchischen Organisation aufgebaut werden kann oder auch als eigenes System vorstellbar ist.

- ORGANISATION IN KREISEN: Die erste der vier elementaren Regeln der Soziokratie ist die Organisation in Kreisen, deren Mitglieder Personen sind, die an der Bearbeitung und Lösung einer gemeinsamen Aufgabe arbeiten. Die Kreise sind in einer hierarchischen Form angeordnet und handeln halbautonom. Ihre Ziele werden vom nächsthöheren Kreis vorgegeben. Steuerung, Ausführung, Ergebnis und Kontrolle liegen im Verantwortungsbereich der Kreise. Jeder Kreis gestaltet eigene Regeln in Abhängigkeit von seiner Größe, sprich der Anzahl seiner Mitglieder. Führen, Produktion und Messen sind durch die Mitglieder des Kreises zu lösen, Ziel und Zweck des Kreises sind richtungsweisend.

- DOPPELTE KOPPELUNG DER KREISE: Die zweite Regel beinhaltet die Verbindung zwischen unter- und übergeordnetem Kreis. Beide Kreise sind untereinander doppelt verlinkt. Der Leiter eines Kreises wird jeweils von den Mitgliedern des nächsthöheren Kreises gewählt. Gleichzeitig wählen die Kreismitglieder des unteren Kreises einen Delegierten, der sie im höheren Kreis repräsentiert.

- DAS KONSENTPRINZIP bestimmt im Rahmen eines festgelegten Procederes, wie Entscheidungen zu finden und zu treffen sind. Im Unterschied zum Konsens geht es beim Konsent nicht darum, dass alle Mitglieder persönlich zustimmen, sondern darum, dass alle relevanten Bedenken besprochen und diskutiert wurden und damit im Ergebnis berücksichtigt werden. Ein Vorschlag gilt also dann als angenommen, wenn es keine Bedenken und Einsprüche mehr gibt. In Ergänzung haben die Kreismitglieder auch die Möglichkeit andere Entscheidungsformen festzulegen.

Das Konsentprinzip sieht nicht vor, dass alle zustimmen, sondern dass niemand mehr Einsprüche äußert oder Bedenken hat

- DIE SOZIOKRATISCHE WAHL VON PERSONEN: Zunächst wird festgelegt, welche Funktion es für welchen Zeitraum zu besetzen gilt. In einem zweiten Schritt erhält jedes Gruppenmitglied einen Wahlzettel, der ausgefüllt und dem Wahlleiter übergeben wird. In einem dritten Schritt teilt jeder mit, warum er seinen Kandidaten vorgeschlagen hat. Nach dieser Runde hat jedes Gruppenmitglied die Chance, seinen Vorschlag zu überdenken und diesen gegebenenfalls aufgrund der wahrgenommenen Argumente noch zu ändern. Zeichnet sich ein Kandidat ab, schlägt der Wahlleiter ihn vor, andernfalls lädt er zur Diskussion ein. Im sechsten Schritt findet der Konsent statt. Der Wahlleiter fragt jedes Kreismitglied, ob es einen berechtigten Einwand gegen die Wahl hat. Der vorgeschlagene Kandidat äußert sich als Letzter.

In den Niederlanden wird die Organisation der Soziokratie über mehr als 35 Jahre erfolgreich in der Praxis angewandt.

Heterarchie und Soziokratie sind anschauliche Modelle, die in der Praxis Anwendung finden und zeigen, dass es durchaus möglich ist, auf höhere Partizipation, mehr Verantwortung und weniger Hierarchie und damit viel stärker auf laterale Führung (oder Führung auf Augenhöhe) zu setzen.

Da Unternehmen, die dies auch tatsächlich umsetzen, aber noch die Ausnahme von der Regel bilden, ist es sinnvoll, auch traditionelle Organisationsformen auf die Möglichkeiten lateraler Führung hin zu betrachten.

5.3 Laterales Führen in traditionellen Organisationsformen

Von einer Organisation sprechen wir, wenn es generelle Regelungen gibt, die die Zusammenarbeit der Mitglieder und die Vorgänge innerhalb der Organisation festlegen. Dort wo unternehmerische Aufgaben von mehr als einer Person ausgeführt werden, gilt es zu regeln, wer welche Teilaufgaben übernimmt. Die Zerlegung in Teilaufgaben setzt eine systematische und ganzheitliche Erfassung aller Aufgaben voraus, die Voraussetzung für das Erreichen des Organisationsziels sind (in der Regel der angestrebte wirtschaftliche Erfolg). Verbunden damit ist, dass dieses Ziel möglichst unter effizienter Lösung aller anstehenden Aufgaben erreicht wird.

Je größer eine Organisation, desto größer die Herausforderung an die Gestaltung des Aufbaus

Je mehr Mitglieder eine Organisation zählt und/oder je komplexer die Aufgabenstellung ist, desto größer wird die Herausforderung an die Gestaltung des Aufbaus, der Abläufe und die Gestaltung der Beziehungen. Dies gilt auch im Hinblick auf die Beziehungen zwischen den Führungskräften, zwischen Führungskräften und Mitarbeitern und den Kommunikationsbeziehungen der Beteiligten untereinander. Bei größeren Unternehmen werden aus Einzelpersonen organisatorische Einheiten, etwa Abteilungen, Hauptabteilungen, Stabs- oder auch Zentralstellen: ein komplexes Gebilde, geschaffen und geprägt durch die Unternehmenskultur, das Leitungssystem, das die formelle Kommunikation zwischen den Stellen und Abteilungen regelt. Über ein eindeutiges Weisungssystem ist festgelegt, wer wem gegenüber weisungsbefugt ist. Daneben nehmen aber auch die informellen Beziehungen zwischen den Organisationsmitgliedern Einfluss auf die Abläufe, Ereignisse und Ergebnisse.

Beim traditionellen EINLINIENSYSTEM ist zweifelsfrei geregelt, dass eine nachgeordnete Stelle ausschließlich Anweisungen von der direkt vorgesetzten Stelle erhält. Verantwortlichkeiten und Kompetenzen sind klar zugeordnet, Entscheidungskonflikte aufgrund der klaren hierarchischen Vorgaben eher selten. Basieren die Prozesse und Ziele einer Organisation auf Gleichartigkeit, Regelmäßigkeit, stetiger Wiederkehr oder auf Wiederholungen ist eine Organisation, wie sie das Einliniensystem abbildet, unter rein ökonomischen Gesichtspunkten durchaus sinnvoll. Die allgemeinen und verbindlichen Regeln für alle Beteiligten garantieren das angestrebte Ergebnis, solange sich alle an ihre Vorgaben halten.

Beim traditionellen Einliniensystem ist zweifelsfrei geregelt, dass eine nachgeordnete Stelle nur Anweisungen von der direkt vorgesetzten Stelle erhält

Kombiniert man die Hierarchiestruktur des Einliniensystems mit den Kernaufgaben eines Unternehmens, wie zum Beispiel: Produktion, Marketing, Rechnungswesen, Personal, Verwaltung, Beschaffung sowie Forschung und Entwicklung, dann spricht man von einer FUNKTIONALEN ORGANISATION. Von der Darstellung her ein Unternehmen, bei dem auf der zweiten Hierarchieebene beispielsweise die genannten Funktionsbereiche auf horizontaler Ebene nebeneinander stehen. Der Vorteil aus der Sicht des Unternehmens ist das hohe Maß an Spezialisierung und Optimierung, das durch diesen Gestaltungsraum in den einzelnen Kernbereichen möglich wird. Nachteilig ist der mögliche Verlust der Konzentration auf das Erreichen des Gesamtziels des Unternehmens.

In der funktionalen Organisation stehen die maßgebenden Funktionsbereiche auf horizontaler Ebene nebeneinander

KÖNNEN TRADITIONELLE ORGANISATIONSFORMEN DEN ANFORDERUNGEN UNSERER MÄRKTE NOCH GENÜGEN?

Die Frage, die sich hier stellt, ist, ob diese Organisation, die in der Praxis relativ häufig vorkommt, aktuellen Anforderungen genügt. Wettbewerbsdruck, Innovationsfähigkeit, kundenpassgenaue, differenzierte Lösungen, zunehmende Komplexität und auch die Folgen wirtschaftlicher Krisen verlangen von Unternehmen ein Umdenken. Starre Strukturen scheinen zu träge, den Herausforderungen zu begegnen und sich schnell anzupassen. Häufig mangelt es zudem an der Lernfähigkeit. In starren Strukturen ist diese vielleicht im Hinblick auf eine stetige fachliche Anpassung an die jeweiligen Erfordernisse gefordert, nicht aber als fachübergreifende Notwendigkeit, um neuen Problemstellungen begegnen zu können oder gar die eigene Organisationsform grundlegend zu hinterfragen.

„WEICHE" FAKTOREN SIND ERFOLGSKRITISCHER ALS „HARTE"

In einer Studie der Boston Consulting Group „Organisation 2015. Designed to win" heißt es: *„Über Erfolg und Misserfolg entscheiden nicht die klassischen harten Dimensionen von Organisation: Strukturen, Prozesse und Steuerungsmechanismen. Erfolgskritisch sind vielmehr die vermeintlich weichen Aspekte der Organisation: Führung und Mitarbeiter, Kooperation und Veränderungskompetenzen."*

Vorgeschlagen wird die Entwicklung weicher Kompetenzen, da es mit ihnen besser gelingen kann, schnell, flexibel und innovativ auf Anforderungen zu reagieren. Die Voraussetzungen dafür, so unser Eindruck, sind Mitarbeiter, die bereit sind, Verantwortung zu übernehmen, und Führungskräfte, die bereit sind, Verantwortung zu teilen. Führungskräfte, deren Bild vom Mitarbeiter eher der Theorie Y nach McGregor entspricht. Zugleich gilt es Rahmenbedingungen zu schaffen, die solche Verhaltensweisen fördern und entwickeln. Ein schwieriges Unterfangen, wenn wir uns vor Augen führen, dass Veränderungsprozesse langwierige Prozesse sind, die ihrerseits an Faktoren wie Bereitschaft, Motivation, Spaß, Überzeugung, Visionen und Freiwilligkeit gebunden sind.

Rigidere und immer komplexer werdende Regelwerke scheinen keine Lösung zu sein

Aus einer anderen Perspektive beschreibt die Studie der Boston Consulting Group die Reaktion von Unternehmen auf die gegenwärtige wirtschaftliche Krise: *„Sie reagieren auf die Anforderungen einer veränderlichen und unübersichtlicheren Wettbewerbslandschaft mit immer häufigeren Reorganisationen und zunehmend komplexeren Regelwerken."*

Mehr Regeln, so unsere Interpretation, sind kein Hinweis darauf, das Potenzial von Mitarbeitern aktiv und konstruktiv nutzen zu wollen. So verspielen aus unserer Sicht Unternehmen, die so vorgehen, Chancen gerade auch im Hinblick auf unser Thema der nachhaltig konstruktiven Einflussnahme.

Eine klassische Kategorisierung von Mitarbeitern besagt, dass es im Unternehmen circa 20 Prozent besonders engagierte Mitarbeiter gibt. Insbesondere diese Mitarbeiter sind Träger und Multiplikatoren einer vorstellbar positiven Einflussnahme, deren Potenzial genutzt werden sollte. Erhöhter Druck, so unsere Erfahrung, erhöht die Unzufriedenheit, eine Verdichtung von Regeln und Auflagen birgt zudem die Gefahr einer Zunahme an mikropolitischen Einflüssen, die der Absicht folgen, sich Anforderungen zu widersetzen.

Eine Verdichtung von Regeln und Auflagen birgt die Gefahr einer Zunahme an mikropolitischen Einflüssen

EIN BEISPIEL FÜR MIRKOPOLITISCHE EINFLUSSNAHME

Wie mikropolitische Einflussnahme möglich ist, sei an einem Beispiel kurz erläutert. In dem Buch „Lohn und Leistung" beschreibt William F. Whyte, wie der Arbeiter Starkey seinem jungen Kollegen Tennessee vermittelt, wie man unter der Beobachtung von Zeitnehmern stehend Ergebnisse beeinflussen und so die Grundlage für die Berechnung des Akkordlohns verfälschen kann. Starkey macht seinem jungen Kollegen klar, dass er über jede Handbewegung nachdenken soll, er fügt Bewegungen hinzu, drosselt bewusst das Tempo, wohl wissend, dass die Zeitnehmer auch davon ausgehen und dies in ihre Berechnungen und Arbeitszeitmessungen mit einfließen lassen. Dann berichtet er von Ray, einem erfahrenen Arbeiter, dem es gelang, immer wenn er von Zeitnehmern gestoppt wurde, sich so zu bewegen, dass ihm der Schweiß ausbrach.

„Danach gibt Starkey Fortgeschrittenenunterricht, wenn er erklärt, wie man eine Maschine zum Stillstand bringen kann, falls der Zeitnehmer doch auf einer Erhöhung der Geschwindigkeit bestehen sollte. Hierfür erzählte er von Ray Ward, einem der großen Helden in der Abteilung, der so gerissen war, dass die Zeitnehmer schließlich nichts mehr mit ihm zu tun haben wollten: ‚Ray kannte seine Bohrer! Jedes Mal, wenn er gestoppt wurde, ließ er alle vier bis fünf Werkstücke einen Bohrer verbrennen, und sagte dann, die Geschwindigkeit wäre für dieses Material zu hoch. Hartes Material, dass ich nicht lache!! Die Geschwindigkeit und Einstellung wurde dann so lange verringert, bis keine Bohrer mehr verbrannten – aber danach drehte er wieder auf und bohrte durch das Zeug, als ob es Käse wäre.'

‚Zum Teufel', sagte Tennessee, ‚ich möchte nur wissen, wie Ward es fertig brachte, die Bohrer einfach so zu verbrennen? So ein Bohrer verbrennt schließlich nicht einfach nur auf einen frommen Wunsch hin.' ‚Das kommt ganz darauf an, wie du den Bohrer schleifst', antwortete Starkey, ‚Ray schliff sich seine selbst und bevor er gestoppt wurde, richtete er sie sich besonders her. Ein falscher Schliff lässt einen Bohrer bei einer viel geringeren Geschwindigkeit verbrennen …'" (Whyte, 1958)

Wir sind uns sicher, dass Starkey und Ray nicht die einzigen Mitarbeiter waren, die solche Techniken beherrschten, und wir sind uns auch sicher, dass sich auch heute viele vergleichbare Beispiele finden ließen.

Doch kehren wir zurück aus der Welt mikropolitischer Einflüsse zu den Ergebnissen der Studie der Boston Consulting Group.

In Zukunft werden es eher einfache und robuste Strukturen sein, die ein Erfolg versprechendes Reagieren auf die Anforderungen ermöglichen werden. Starre Strukturen, enge Vorgaben und ein Übermaß an Kontrolle bergen hohe Risiken und sollten daher auf der Ebene der Organisation infrage gestellt werden. Insbesondere sollten überprüft werden

Faktoren, die Unternehmen überprüfen sollten

- die Klarheit des Organisationsziels,
- der notwendige Bedarf an Führung und Koordination,
- die Schnelligkeit und Qualität, mit der Entscheidungen getroffen werden müssen,
- die Fähigkeit und Geschwindigkeit, sich neuen Situation anzupassen,
- das soziale Miteinander der Mitglieder im Sinne einer nachhaltigen und tragfähigen Unternehmenskultur,
- die Lernbereitschaft aller Beteiligten und die grundsätzliche Veränderungsbereitschaft.

Überlegungen zu einer Reorganisation sollten frühzeitig erfolgen und alternative Organisationsformen diskutiert werden.

Wir haben mit unserer Darstellung von Heterarchie und Soziokratie Denkanstöße gegeben, die Grundprinzipien aufzeigen, die unseren Erachtens nach richtungweisend sind.

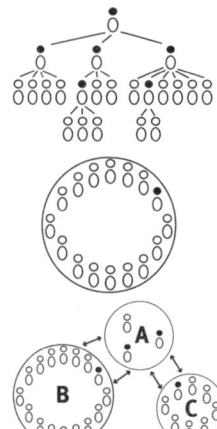

Hierarchie – Weisungssystem

Entscheidungen verlaufen kaskadenförmig von oben nach unten. Mit legitimer Macht ausgestattete Führungskräfte weisen ihre Mitarbeiter als ausführende Instanzen entsprechend an.

Heterarchie – Verhandlungssystem

Als Führungsgemeinschaft moderieren die Mitglieder ihre Beiträge untereinander, die Willensbildung erfolgt durch Verhandlungen zwischen den gleichberechtigten Beteiligten.

Soziokratie – organisierte Entscheidungsfindung in Gruppenkreisen

Der Führungskreis A bestimmt jeweils einen Beauftragten. Dieser und je ein Delegierter aus den untergeordneten Kreisen B und C vertreten B und C im Führungskreis A.

Organisationsformen wie Netzwerkorganisationen oder Projektstrukturen stellen Formen dar, bei denen Kooperation und Koordination eine wichtige Rolle spielen. Die klassische Basis von Führungskräften, die Weisungsbefugnis als Ausdruck ihrer von der Organisation übertragenen legitimen Macht, schrumpft zu Gunsten anderer Einflusstechniken.

In Netzwerkorganisationen oder Projektstrukturen schwindet der Einfluss legitimer Macht

5.3.1 Prozessorganisationen

Nach Prozessen gegliederte Organisationen richten ihre Struktur an den angestrebten Prozessergebnissen aus. Kundenbedürfnisse und Lieferantenleistungen geben den Input und sind fester und integraler Bestandteil der Organisation. Eine Aufbauorganisation im klassischen Sinne existiert hier nicht. Die Struktur gestaltet sich flexibel, orientiert an den für das Erreichen des angestrebten Ziels notwendigen Prozessen. Alle Wertschöpfungs- und Unterstützungsprozesse sind systematisch gegliedert. Maßgebend sind nicht die isolierten Prozesse, sondern die Summe und das Zusammenspiel aller Prozesse. Nur das gute und optimierte Zusammenspiel aller Akteure der Prozesskette gewährleistet ein optimales Ergebnis im Hinblick auf das Ziel größtmöglicher Kundenzufriedenheit.

Der Kunde hat einen zentralen Ansprechpartner, der zuständig ist für die Lösung seines Problems. In Abhängigkeit von den Anforderungen, die sich aus dem spezifischen Kundenproblem ergeben, und bei gleichzeitigem Bemühen um einen optimalen Ablauf ergeben sich unterschiedliche Prozesse, die jeweils andere Organisationsmitglieder einbinden. Ziel der Koordination aller Prozesse ist die Zerlegung in möglichst wenige Arbeitsschritte. Gleichzeitig geht es darum, Entscheidungswege schnell und kurz zu halten.

Die flexible Ausrichtung der Organisation an den jeweiligen Kundenanforderungen gelingt nur, wenn gleichzeitig die Entscheidungs- und Handlungsspielräume der Organisationsmitglieder ausgeweitet werden. Auch in der Prozessorganisation gewinnen daher andere Techniken der konstruktiven Einflussnahme als hierarchische Anweisungen an Bedeutung.

Die flexible Ausrichtung an den Kundenanforderungen gelingt nur, wenn die Handlungsspielräume der Mitglieder ausgeweitet werden

5.3.2 Modulare Organisationen

Eine modulare Organisation setzt auf Kompetenzen, Fähigkeiten und Fertigkeiten ihrer Mitglieder, die das „Kapital" des Unternehmens sind. Ziel ist es, alle vorhandenen Ressourcen der Mitarbeiter zu nutzen – und dies nicht nur bei der Lösung einzelner Aufgaben, sondern durchaus auch bei unternehmensstrategischen Fragen und Entscheidungen. Es bilden sich kleine Teams (Module) mit hoher Eigenverantwortung, die sich selbst organisieren und für das Erreichen der Ergebnisse selbst verantwortlich sind. Die Abstimmung der Ziele erfolgt zwischen den Teams und der Unternehmensleitung. Zwischen den Teams gibt es klare Regeln und Vereinbarungen, besonders im Hinblick auf den Austausch von Informationen. Die modulare Organisation stellt einen hohen Anspruch an die Flexibilität ihrer Mitglieder.

Kleine Teams (Module) mit hoher Eigenverantwortung, die sich selbst organisieren

Ein praktisches Beispiel ist der dänische Hörgerätehersteller Oticon. Mitarbeiter bei Oticon arbeiten zum Teil gleichzeitig in mehreren Teams. Die Zusammenstellung der Teams ergibt sich aus den Kompetenzen und Ressourcen der jeweiligen Mitarbeiter. Dauerhafte Teams gibt es keine, die Arbeitszeiten ergeben sich jeweils aus den projektbezogenen Notwendigkeiten. Diese sehr „lebendige" Form der Organisation und die sich daraus für den Mitarbeiter ergebenden Möglichkeiten führen auch im Interesse des Unternehmens zu einem hohen Maß an Kreativität und Innovationsfreudigkeit.

Die Mitarbeiter bei Oticon müssen ausgesprochen flexibel reagieren. Es sind die Projekte, aus denen heraus sich die zu lösenden Aufgabenstellungen ergeben. Wie aber gelingt der Schritt, dass Mitarbeiter zu einem so hohen Maß an Flexibilität und Engagement bereit sind?

Was motiviert Mitarbeiter, mehr als eine geforderte Mindestleistung zu erbringen und zu kooperieren?

Der Abbau hierarchischer Strukturen wird nur dann von Erfolg gekrönt sein, wenn im Gegenzug Kooperationswillen und die Bereitschaft zum freiwilligen Engagement zunehmen. Was motiviert Mitarbeiter, mehr als eine geforderte Mindestleistung zu erbringen und zu kooperieren?

- SOZIALE PRÄFERENZEN UND SOZIALER DRUCK: Erkenntnisse der psychologischen Ökonomik und der Verhaltenswissenschaften belegen, dass freiwilliges Engagement und Kooperation stark auf persönlichen Charaktereigenschaften beruhen. Gewissenhaftigkeit als wichtiges Handlungsmotiv und soziale Präferenzen von Mitgliedern scheinen hier starken Einfluss auszuüben. In einem Team, in dem sich die Mehrzahl der Mitglieder engagiert, entsteht ein sozialer Druck auf die anderen Teilnehmer, es ihnen gleichzutun.

50

Menschen mit einem so genannten prosozialen Verhalten bringen die Eigenschaft mit, sich in Gruppen gegenüber den anderen Gruppenmitgliedern kooperativ und konstruktiv zu verhalten. Allerdings sind sie auch bereit, auf Gruppenmitglieder, die davon abweichen, sanktionierend Einfluss zu nehmen. Die Gefahr eines damit verbundenen Verlusts an Ansehen und Gruppensolidarität verstärkt offensichtlich bei Abweichlern den sozialen Druck, der ihre Bereitschaft zu kooperativem Verhalten fördert.

- Faire und transparente Behandlung durch Führungskräfte: Mitarbeiter in Organisationen zeigen ein erhöhtes Engagement, wenn sie sich von Führungskräften und Arbeitgebern fair behandelt fühlen. Dazu zählt, dass Entscheidungen nach objektiven nachvollziehbaren Kriterien getroffen werden. Mitarbeiter müssen erleben, dass alle gleich behandelt werden und Entscheidungen aus ihrer Sicht korrekt sind. Dies stellt eine gute und tragfähige Grundlage für gegenseitige nachhaltige Verpflichtungen und kooperatives Verhalten dar.

  Mitarbeiter zeigen ein erhöhtes Engagement, wenn sie sich von Führungskräften und Arbeitgebern fair behandelt fühlen

- Die hinter dem Führungsverhalten vermutete oder wahrgenommene uneigennützige Absicht: Welche Intentionen hat der Einflussgeber, wenn er sich fair verhält? Sind es eher eigennützige oder uneigennützige Motive, die ihn zu seinen Handlungen motivieren? Hier scheint das Erleben und Wahrnehmen eher uneigennütziger Motive der Führungskraft das freiwillige Engagement der Mitarbeiter zu fördern.

  Nehmen Mitarbeiter bei Führungskräften uneigennützige Absichten wahr, fördert das ihre Motivation

Mangelt es an der Überzeugung, dass Mitarbeiter entsprechend der Theorie Y von McGregor intrinsisch motiviert und zur Selbststeuerung fähig sind, fehlt das Vertrauen und damit die Basis für das Entstehen neuer, flacher Organisationsstrukturen.

Natürlich bedarf es auch der Mitarbeiter, die bereit und willens sind, in flacheren hierarchischen Strukturen zu arbeiten. Angesichts der Entfaltungs- und Mitgestaltungsmöglichkeiten, die solche Strukturen bieten, wird es vermutlich nicht allzu schwierig sein, hier die entsprechenden Menschen zu finden.

Nur ist eine solche Bereitschaft zunächst einmal nur eine Grundlage, sie befreit nicht von all den Herausforderungen,

Der Abbau formaler Hierarchien öffnet Räume für neue soziale Strukturen und Positionierungen

die bei der Zusammenarbeit in Gruppen oder Teams entstehen können. So zeigen Untersuchungen, dass mit dem Abbau formaler Hierarchien soziale Hierarchien sichtbar werden können. Dort, wo Gruppen ohne Führung zusammenarbeiten, entstehen offene Räume, die Gestaltungsspielräume bieten und damit auch Freiräume der Eigenpräsentation und Einflussnahme, um sich zum Beispiel in Besprechungen über sein Statusverhalten zu positionieren.

Wir sprechen hier vom so genannten Eindrucksmanagement als das Bemühen, innerhalb einer Gruppe ein bestimmtes Bild von sich zu erzeugen. Zum Einsatz kommen hier Sprache, nonverbale Signale, der Ausbau von Beziehungen innerhalb der Gruppe, die Gewichtung von Beziehungen, Störungen, das Streuen von Gerüchten, Zurückhaltung von Informationen und vieles mehr.

Techniken mikropolitischer Einflussnahme sollten bewusst gemacht und reflektiert werden

Gerade dann, wenn Menschen in hierarchischen Strukturen gelernt haben, im Sinne ihres Eigennutzens zu agieren, wird es wichtig sein, solche Prozesse wahrzunehmen, sich darüber auszutauschen und sie zu reflektieren. Besonders in den Anfangsphasen ist es wichtig, Techniken mikropolitischer Einflussnahme, wenn sie als solche erlebt werden, kritisch zu hinterfragen (siehe auch Kap. 6.1). Dies aber nicht als Selbstzweck im Sinne einer „Gruppentherapie", sondern mit dem gemeinsamen Ziel, zu einer effizienten und kooperativen Zusammenarbeit zu gelangen.

Hier zeichnet sich das Bild einer lernenden Organisation ab, mit einem weit gefassten Begriff von Lernfähigkeit, der nicht nur die stetige Auseinandersetzung mit Kunden- und Lieferantenanforderungen, das Gewinnen, Selektieren und Verarbeiten von Wissen in allen Bereichen der Organisation umfasst, sondern auch die qualitative Gestaltung der in- und externen Kooperations- und Kommunikationsbeziehungen.

5.3.3 Projektorganisation

Auf betriebliche Herausforderungen durch das Aufsetzen flexibler Projekte zu antworten, ist ein durchaus gängiger Weg. Der Vorteil von Projektmanagement-Organisationen ist, dass sie sich relativ schnell in bestehende Organisationsstrukturen integrieren lassen. Typische Beispiele dafür sind Matrixorganisationen. Mitarbeiter und Führungskräfte einer bestehenden hierarchischen Organisation arbeiten in definierten Projektteams mit. Die Konsequenz kann sein, dass sie aus bestehenden Strukturen herausgenommen werden und nun zeitlich befristet in einem Projektteam mitarbeiten. Ein möglicher Effekt kann sein, dass sie in ihrer „alten", noch bestehenden Stelle eine Position mit Weisungsbefugnis innehatten und nun in einem Projektteam arbeiten, in dem sie gleichberechtigte Mitarbeiter sind. Es ist leicht vorstellbar, dass in Projekten eine Vielzahl von Begegnungskonstellationen möglich sind, die Projektleiter und Projektteilnehmer vor eine große Herausforderung in der Zusammenarbeit stellen.

In Projekten ist eine Vielzahl von Begegnungskonstellationen möglich

In Projekten treffen Menschen mit unterschiedlicher Zielsetzung, unterschiedlichem Vorwissen, unterschiedlicher Projekterfahrung, unterschiedlicher Qualifikation, aus unterschiedlich geführten Abteilungen und/oder Organisationen zusammen. Die Teilnehmer eines Projekts stehen vor der schwierigen, auch emotionalen Aufgabe, ihr bisheriges Umfeld, ihr System oder ihre Leistungen infrage zu stellen, und gegen etwas Neues, das sie selbst mit aus der Taufe heben, einzutauschen.

Förderlich, um die Teilnehmer des Projekts auf ein gemeinsames Ziel hin auszurichten, ist die Schaffung eines „collective mind", also eines gemeinsamen Verständnisses der Projektinhalte, -ziele und möglicher Lösungsansätze.

Schaffung eines „collective mind"

Betrachten wir die Situation eines Projektleiters, einer „Führungskraft", die ohne Weisungsbefugnis unter Einhaltung wesentlicher Rahmenbedingungen, wie Ressourcen, Technologie, Zeit, Kosten und Qualität, die Aufgabe hat, ein in der Regel interdisziplinär zusammengesetztes Team zu führen. Neben Aufgaben der Planung, Strukturierung, Steuerung, Beherrschung und Kontrolle der entsprechenden Werkzeuge liegt seine Hauptaufgabe darin, die Projektteilnehmer zusammenzubringen und in einem gemeinsamen „Geist" zu vereinen.

Eine Herausforderung, weil die Projektteilnehmer, einmal abgesehen von ihren persönlichen Merkmalen wie Charakter und Temperament, auch durch ihre jeweilige Organisations- und Arbeitskultur geprägt und beeinflusst sind.

Gehen wir hier etwas ins Detail, so lassen sich Menschen über sehr unterschiedliche Charakterdispositionen beschreiben, von denen wir hier die sog. Big Five kurz anskizzieren:

Charakterdispositionen, auf die ein Projektleiter eingehen muss

- **Neurotizismus:** Menschen reagieren eher sensibel oder unsensibel auf äußere Reize, wie zum Beispiel Interaktionen mit anderen, sind emotional belastbar oder weniger belastbar. Dies muss der Projektleiter in der Art seiner Ansprache berücksichtigen. Weniger sensible Gruppenmitglieder kann er vielleicht fordern, wenn es darum geht, nüchterne, rational ausgewogene Entscheidungen zu treffen oder um sich in Stresssituationen zu entlasten, andere Mitglieder hingegen befragen, um über deren sensible Antennen Aufschluss über Gruppenprozesse zu bekommen.

Menschen reagieren eher sensibel oder unsensibel auf äußere Reize

- **Extraversion / Introversion:** Extravertierte, nach außen gewandte Menschen können Impulsgeber sein, da es ihnen leichtfällt, Kontakt aufzubauen und Ideen vor den anderen Gruppenteilnehmern zu präsentieren. Introvertierte, nach innen gewandte Teilnehmer brauchen möglicherweise Hilfestellung oder den ein oder anderen Anstoß.

Extravertierte, nach außen gewandte Menschen können Impulsgeber sein

- **Offenheit für neue Erfahrungen:** Auch der Grad der Aufgeschlossenheit erfordert Sensibilität im Umgang. Konservativ eingestellte Gruppenmitglieder wirken in ihrem Beharren vielleicht unbeweglich und dem Traditionellen verbunden, können aber als Bedenkenträger auf mögliche Gefahren und Probleme aufmerksam machen. Aufgeschlossene und neugierige Teilnehmer können innovative Impulse setzen und andere mitreißen.

Menschen sind Neuem gegenüber aufgeschlossen oder eher ängstlich und konservativ

- **Verträglichkeit:** Menschen, die anderen mit einem hohen Maß an Vertrauen begegnen, berichten offen über das, was sie bewegt und sind eher geradeheraus. Stellen wir uns auch hier einen Gegenpol vor, gibt es andere, die eher vorsichtig auf andere zugehen. Sie wirken möglicherweise verschlossen und zeigen anfangs nicht, was in ihnen vorgeht. Vielleicht wirken sie sogar distanziert oder egozentrisch.

Menschen sind vertrauensvoll oder verschlossen

- **Gewissenhaftigkeit:** Während die einen sehr systematisch und geplant vorgehen, begegnen uns auf der anderen Seite Menschen, die offensichtlich eher unorganisiert sind. Sie wirken vielleicht planlos und flüchtig und sind leicht ablenkbar; aber vielleicht hat gerade ein ausgesprochener „Chaot" die zündende Idee. Fokussierte, gewissenhaft und zielstrebig an ihrem Erfolg arbeitende Menschen sind dagegen berechenbar und gezielt einzusetzen.

Menschen sind zielstrebig und organisiert oder chaotisch

Die aufgeführten Merkmale sind Persönlichkeitseigenschaften, die sich mit dem Persönlichkeitstest „Big Five" messen lassen. Wir gehen im Kapitel über Beziehungen (Kap. 6.4) noch einmal etwas detaillierter darauf ein.

Ein Projektleiter wird es bei jedem Projekt mit ganz unterschiedlichen Persönlichkeitstypen und Charakterdispositionen zu tun haben. Berücksichtigen wir, dass Teilnehmer eines Projekts auch aus völlig unterschiedlichen Organisationskulturen kommen können, unterschiedlich motiviert sind und in der Regel eine hohe Fachkompetenz besitzen, wird deutlich, welche Herausforderung dies an die Selbst- und Sozialkompetenz des Projektleiters stellt. Wir stellen nun in Kurzform einige Merkmale von Selbst-und Sozialkompetenzen dar.

Erforderliche Sozialkompetenzen des Projektleiters

- Da wir es bei Projektteams in der Regel mit Teilnehmergruppen von mehr als zwei Teilnehmern zu tun haben, kommt zu deren individuellen Merkmalen noch das Interaktionsverhalten untereinander hinzu. Insbesondere ein Projektleiter muss in der Lage sein, gruppendynamische Prozesse, etwa Blockaden oder Techniken der Einflussnahme, frühzeitig wahrzunehmen und gegebenenfalls darauf zu reagieren, d.h. dahingehend Einfluss zu nehmen, dass die Gruppe in einem konstruktiven arbeitsfähigen Zustand bleibt.

Gruppendynamische Prozesse wahrnehmen und konstruktiv darauf reagieren

- TEAMFÄHIGKEIT und NEUTRALITÄT stehen für die Fähigkeit, andere Gruppenteilnehmer zu respektieren, um auf dieser Grundlage sach- und zielorientiert zu kooperieren.
- SELBSTBEWUSSTSEIN und SELBSTVERTRAUEN befähigen den Projektleiter in seiner Rolle als Moderator, den Teilnehmern das Gefühl zu vermitteln, dass sie sich ganz auf die Lösung der Aufgabe konzentrieren können. Dies umfasst auch die Kenntnis die eigenen Stärken und Schwächen, damit das eigene Verhalten, etwa im Falle von Rollenkonflikten, kritisch hinterfragt werden kann. Zu dieser Selbstkompetenz gehört auch der Mut, zur eigenen Sicht zu stehen und die Fähigkeit, sich eigene anspruchsvolle aber realistische Ziele zu setzen und diese zu verfolgen. Die innere Stabilität des Projektleiters hilft auch in schwierigen Situationen, den Projektteilnehmern Sicherheit zu vermitteln. Kommt es zu Abweichungen vom erwarteten Projektverlauf, zahlt sich die Erfahrung eines Projektleiters aus und zudem ein umfangreiches Repertoire an unterschiedlichen Methoden.

Eine umfassende Selbstkompetenz des Projektleiters bindet die Teilnehmer bestmöglich ein

- SELBSTMOTIVATION ist ein Aspekt von Selbstkompetenz. Neues entdecken und erarbeiten wollen, sowie zu Veränderungen bereit zu sein, sind weitere wichtige Eigenschaften. Der Projektleiter öffnet, visualisiert und verbindet unterschiedliche Perspektiven der Projektteilnehmer. In einem moderierten Prozess werden Lösungen erarbeitet. Es ist wichtig, sich an Teilerfolgen und Erfolgen freuen zu können und diese als motivierende Kräfte zu erleben. In der Zusammenarbeit mit Spezialisten unterschiedlichster fachlicher Qualifikation ist neben der Wertschätzung der Teilnehmer Neugier eine wichtige Eigenschaft. Es ist das Interesse am Wissen der Teilnehmer, im Bewusstsein um ihren ganz speziellen Blick auf das Thema.

* SELBSTSTÄNDIGKEIT und SELBSTVERANTWORTUNG sind als wichtige Eigenschaften selbsterklärend.
* Die FÄHIGKEIT ZUR REFLEXION hilft, Meinungen und Haltungen konsequent und kritisch zu hinterfragen. Projektleiter benötigen zudem die Fähigkeiten und Kompetenzen, Themen und Prozesse aus einer Vogelperspektive heraus zu betrachten und Wesentliches von Unwesentlichem zu unterscheiden. Sie sollten Lernhindernisse möglichst frühzeitig erkennen und versuchen, diese zu beseitigen. Aufgabe des Projektleiters ist es, die Auseinandersetzung über die Überprüfung der Aktualität von Wissensständen anzuregen. Dazu gehören auch das Infragestellen von Erkenntnissen und das Drängen auf verständliche Darstellungen. Von der Lernbereitschaft des Projektleiters gehen wichtige Impulse für die Lernbereitschaft der Projektteilnehmer aus.
* Es ist Aufgabe des Projektleiters, die Teilnehmer dabei zu unterstützen, ihre Argumente sachlich zu vertreten. Angesichts unterschiedlichster Wertvorstellungen bedeutet dies für den Projektleiter, an einem Gruppenklima zu arbeiten, das einen fairen, offenen und toleranten Umgang ermöglicht. Dies erfordert insbesondere auch eine Sensibilität für andere Kulturen, im Sinne einer INTERKULTURELLEN KOMPETENZ.
* KOMMUNIKATIONSFÄHIGKEIT steht für die Fähigkeit, aktiv zuhören zu können und Botschaften klar, verständlich und zielgruppengerecht zu vermitteln. Dazu gehört auch eine Sensibilität für nonverbale Botschaften, sowohl im Hinblick auf die Kommunikation zwischen zwei Personen als auch die Wahrnehmung von nonverbalen Botschaften in Gruppenprozessen.

Projektleiter sollten Lernhindernisse möglichst frühzeitig erkennen und versuchen, diese zu beseitigen

Ein Gruppenklima schaffen, das einen fairen, offenen und toleranten Umgang ermöglicht

6 DIE ACHT DIMENSIONEN DES FÜHRENS IN AUGENHÖHE

Wir haben beschrieben, welche Rahmenbedingungen auf der Makroebene die Einführung und Umsetzung des Konzepts „Führen auf Augenhöhe" begünstigen. Richtungweisend sind hier Modelle wie Heterarchie und Soziokratie. Im Folgenden stellen wir nun Werkzeuge und Hilfsmittel vor, die bei der Umsetzung auf der Meso- und Mikroebene hilfreich sein können. Unser Konzept des „Führens auf Augenhöhe" umfasst neben dem von uns vorausgesetzten Fach- und Expertenwissen acht Dimensionen. Es ist aus unserer Sicht wichtig, das Thema in seiner horizontalen Ausdehnung wahrzunehmen.

Bezogen auf das vorliegende Buch heißt dies, Denkanstöße zu geben und Methoden, Techniken und Modelle vorzustellen, die den Zugang zu der sehr komplexen Thematik erleichtern. Zwangsweise geht dies bei manchen Punkten zulasten einer Tiefe.

Folgende Übersicht verdeutlicht die acht Dimensionen und die zugeordneten Kompetenzen. Zugleich zeigt sie, in welcher Tiefe wir die einzelnen Dimensionen betrachten.

Beeinflussen und überzeugen	Sympathie; Reziprozität; Commitment und Konsistenz; soziale Bewährtheit; Autorität; Knappheit
Selbst überzeugt sein	Warum Fragen Spirale; Gefangenendilemma; Delegation
Ziele finden	SMART-Formel; Balanced Scorecard; Disney-Übung
Beziehungen schaffen	Moderation; Wertevergleich; Big Five; Themenzentrierte Interaktion nach Ruth Cohn (TZI)
Kommunizieren	Fundamentaler Attributionsfehler; Kommunikationsmodell; Dialog; Transaktionsanalyse nach Eric Berne (TA); Emotionale Intelligenz; nonverbale Kommunikation; Johari-Fenster und Feedback
Motivieren	Gemeinsamkeit als Kraft; Koalitionsbildung; extrinsische versus intrisische Motivation; Selbststeuerung; Empowerment
Entscheiden	Denkhüte von De Bono; Z-Modell; Kreativitätstechniken
Konflikte lösen	Eskalationsstufenmodell; D.A.L.L.A.S.-Methode; Klärungshilfe

6.1 Laterales Führen ist nicht der Griff in die mikropolitische Trickkiste

Viele der Eigenschaften und Kompetenzen, die wir bei Projekt-leitern finden, entsprechen den Eigenschaften und Kompeten-zen des Führens auf Augenhöhe. Wenn es darum geht, Einfluss zu nehmen, stehen grundsätzlich zwei Optionen offen:

- Zunächst einmal die Möglichkeit der kurzfristigen Einfluss-nahme, also unterschiedliche Manipulations- und Beein-flussungstechniken anzuwenden.
- Die Möglichkeiten nachhaltiger Beeinflussung im Sinne la-teralen Führens, wie wir sie in diesem Buch darstellen.

Während laterales Führen, so wie wir es verstehen, immer einem übergeordneten Ziel im Sinne der jeweiligen Organisa-tion dient, dem im Prinzip alle Mitglieder zustimmen können müssen, werden Techniken der Manipulation im Eigeninteres-se Einzelner eingesetzt, um deren subjektive Ziele zu beför-dern. Wir sprechen hier auch von Mikropolitik, womit alle die-jenigen Techniken und Methoden gemeint sind, mit deren Hilfe es einzelne tagtäglich betreiben, in einem besseren Licht da-zustehen und so mehr Macht, Prestige, Einfluss oder Gehalt zu bekommen, oder versuchen, sich der Kontrolle der Hierarchie von Vorgesetzten oder Gruppen zu entziehen.

Mikropolitische Einfluss-nahme dient immer den Interessen Einzelner

Der Begriff Manipulation wird heute üblicherweise mit dem Versuch gleichgesetzt, dass eine Person A das Verhalten einer anderen Person B gezielt in einer Art und Weise beeinflusst, dass dies B nicht bewusst wird. A legt ihre Ziele, Motive und Absichten also nicht offen. Ein aus der Manipulation erwach-senes Verhalten oder Handeln von B erfolgt nicht aus eigenem Antrieb oder eigener Einsicht, sondern ist Folge des Einflusses der manipulierenden Person A.

Manipulationen können direkter und indirekter Art sein. Bei einer direkten Manipulation wirkt A direkt auf B ein. Bei einer indirekten Manipulation beeinflusst und verändert A das Umfeld von B bewusst so, dass dieser ein Verhalten zeigt oder zu einer Entscheidung gelangt, die er vor dem Hintergrund ei-nes nicht manipulierten Umfelds so nicht getroffen hätte.

Manipulative Einfluss-techniken haben keine nachhaltige Wirkung im Sinne des Erreichens von Organisationszielen

Die Wirksamkeit manipulativer Einflusstechniken ist unter-schiedlich, aber sie haben aus unserer Sicht in der Regel keine nachhaltige Wirkung im Sinne des Erreichens von Organisa-tionszielen. Sie stehen zudem im krassen Widerspruch zu dem Werteansatz, den wir mit Führen auf Augenhöhe verbinden. Es geht bei Führung auf Augenhöhe um Kooperation und Vertrauen und das gemeinsame Erreichen von gemeinsam vereinbarten Zielen. Offenheit und Ehrlichkeit, die Fähigkeit zum Austragen von Konflikten, vertragen keine Manipulationstechniken.

Natürlich ist es legitim, seine Interessen durchsetzen zu wollen, und je höher die persönliche Bedeutung, desto fassettenreicher vermutlich der Einsatz der uns hier zur Verfügung stehenden Mittel. Der Blumenstrauß, mit dem wir etwas kaschieren, das kleine Präsent als Entschuldigung, die bewusst weichere Stimme, um einen aufgeregten Partner zu beruhigen, der gezielte Smalltalk, mit dem wir Kontakt herstellen, oder die Höflichkeitsfloskel am Telefon fallen in die Kategorie bewusster Einflussnahme. Freundlich zu sein, anschaulich zu präsentieren oder eine gute Arbeitsatmosphäre zu schaffen sind zwar ebenfalls Akte von Einflussnahme, werden aber nicht als strategische „Waffen" der Einflussnahme eingesetzt, wenn sie im Rahmen von Führen auf Augenhöhe geschehen.

IMMER, WENN EIN VERHALTEN BEWUSST INSTRUMENTALISIERT UND STRATEGISCH EINGESETZT WIRD, HANDELT ES SICH UM MIKROPOLITISCHE EINFLUSSNAHME.

Mikropolitische Einflussnahme zu erkennen, ist oft schwierig, denn entsprechendes Verhalten muss nicht offensichtlich sein, ausschlaggebend ist vielmehr die manipulative Absicht. So spiegeln sich z.b. während der Kontaktaufnahme zwischen Menschen mit zunehmender Vertrautheit bestimmte Verhaltensweisen wider, kleine Bewegungsmuster, eine Körperhaltung oder die Art zu sprechen. Manipulativ wäre es nun aus unserer Sicht, dieses Phänomen strategisch zu nutzen und einzusetzen, indem man bestimmte Verhaltensweisen seines Gegenübers nachahmt, um Vertrautheit zu erreichen und dann in seinem Sinne zu nutzen. Eine ähnliche Gestik wäre dann nicht Ausdruck bestehender Vertrautheit, sondern vielmehr soll das „Spiegeln" der Gesten des anderen diese Vertrautheit erst erzeugen. Insbesondere in Verkaufsratgebern, die sich an den Techniken des sog. Neurolinguistischen Programmierens orientieren, finden sich viele derartige Hinweise. Selbstverständlich wird hier darauf hingewiesen, dass so „gespiegelt" werden muss, dass der Kunde dies nicht bewusst wahrnimmt. Nimmt er es wahr, bricht das Kartenhaus zusammen.

Mikropolitische Einflussnahme muss nicht offensichtlich sein, ausschlaggebend ist vielmehr die manipulative Absicht

Es ist ein freundliches Ritual, sich bei einer Begrüßung die Hand zu reichen. Ein Händedruck vermittelt uns durchaus Botschaften. Wir registrieren, ob er fest, weich, feucht, lang anhaltend oder flüchtig ist etc. Auch ein Händedruck lässt sich gezielt einsetzen, mit Signalen verbinden. Selbst hierzu finden sich in der Literatur Hinweise auf eine strategisch manipulative Nutzung.

Wann haben wir es mit Freundlichkeit oder Höflichkeit zu tun und wann mit Einschmeichelei? In einem Vorstellungsgespräch wird das Verhalten von Bewerbern selten authentisch sein. Das ernsthafte Bemühen, die ausgeschriebene Stelle zu bekommen, wird je nach Situation und Bewerber zu unterschiedlich vielen und unterschiedlichsten „Verbiegungen" im Verhalten führen.

Gerade wenn hierarchische Strukturen aufgelöst werden und Einzelnen und Gruppen neue organisatorische und soziale Gestaltungsspielräume erwachsen, gilt es für mikropolitische Einflussnahmen sensibel zu sein, damit nicht Einzelinteressen die Oberhand gewinnen.

Nach Robert Cialdini (Cialdini 2009) gibt es sechs wesentliche Techniken des Überzeugens – oder je nach Absicht auch des Beeinflussens.

- Sympathie
- Reziprozität
- Commitment und Konsistenz
- Soziale Bewährtheit
- Autorität
- Knappheit

6.1.1 Sympathieträger oder Einschmeichler?

Sich einzuschmeicheln ist ein Akt mikropolitischer Einflussnahme

Durch ein offenes und authentisches Auftreten Sympathien zu erringen und zu überzeugen ist legitim, dagegen zu versuchen, dies über Einschmeicheln zu erreichen, ein Akt mikropolitischer Einflussnahme. Einschmeicheln ist eine Technik, deren wir uns kaum erwehren können. Es schmeichelt uns, wenn wir „hofiert" werden. Robert Greene greift hier in seinem Buch „Power: Die 48 Gesetze der Macht" die Metapher des Höflings auf (Greene 2001). Der Höfling ist der Virtuose im Haifischbecken der Mikropolitik im Zentrum der Macht. Folgende Regeln des Einschmeichelns lassen sich ausweisen:

Strategien und Techniken eines Höflings

Prahle nicht: Wer hofieren will, muss bescheiden sein in seiner Selbstdarstellung, er darf weder die eigene Person noch die eigenen Handlungen in den Mittelpunkt stellen. Sich selbst zu inszenieren, könnte provozieren, Neider auf den Plan rufen und unerwünschte Aufmerksamkeit hervorrufen.

ÜBE DICH IM UNDERSTATEMENT: Anstrengung gilt es zu verbergen, es ist ungeschickt, erkennen zu lassen, welche Mühsal man auf sich genommen hat. Alles, was man tut, sollte anmutig und gelassen wirken. Gelingt dies, wird man vermeintliche oder tatsächliche Talente umso mehr bewundern.

HALTE DICH MIT KOMPLIMENTEN ZURÜCK: Komplimente und Bewunderungen sind starke Mittel der Einflussnahme. Man sollte sie aber nicht zu häufig verwenden, da sonst die Gefahr besteht, dass sie ihre Wirkung verlieren. Ein Höfling verzichtet auf offensichtliche Komplimente, vielmehr praktiziert er indirekte Schmeicheleien. Er weiß, wie es ihm gelingt, dass sein „Herr" gut dasteht, und festigt damit indirekt seine eigene Rolle und den eigenen Einfluss.

SORGE DAFÜR, DASS DU AUFFÄLLST: Ein Höfling beherrscht die Kunst, unter vielen aufzufallen, um überhaupt in die Nähe für ihn wichtiger Personen zu kommen. Er weckt durch Stil, Image, Auftreten und seinen Gesamteindruck die Aufmerksamkeit seiner Zielperson. Er passt sich Situationen, Anlässen und Menschen geschickt gezielt an, nimmt unterschiedliche Rollen an und übernimmt Verhalten, Sprache und Rituale seiner Zielpersonen.

SEI NIE DER ÜBERBRINGER SCHLECHTER NACHRICHTEN: Wer schlechte Nachrichten überbringt, muss fürchten, Gegenstand oder Opfer erster Reaktionen zu sein. Ein Höfling tut alles dafür, dass ein anderer schlechte Nachrichten überbringt. Er selbst ist der Botschafter der guten Nachrichten. Sein Anblick verbindet sich mit positiven Gefühlen.

VERSUCHE NIE, VERTRAUTER VON HÖHERGESTELLTEN ZU WERDEN: Wer in der Hierarchie oben steht, will keinen Freund aus der Reihe derjenigen, die ihm untergeben sind. Ihre Rollen sind unterschiedlich definiert. Kommt es zu Angeboten vom „Herrn", reagiert er vorsichtig und mit sensibler Distanz.

KRITISIERE VORGESETZTE NIE DIREKT: Auch ein Höfling muss mit Situationen rechnen, in denen er aufgefordert ist, Kritik zu äußern. Möglicherweise wird er gebeten, eine Stellungnahme abzugeben. Auch hier gilt es, vor jeder Äußerung bereits im Vorfeld die vermeintliche Wirkung zu bedenken. Er beherrscht die Kunst, kritische Bemerkungen geschickt zu umschreiben.

HALTE DICH GENERELL MIT KRITIK ZURÜCK: Es gilt, Vorsicht walten zu lassen im Umgang mit Kritik und Nörgeleien, auch gegenüber Gleichgestellten. Die Mitmenschen registrieren nicht nur, *was* jemand inhaltlich sagt, sondern sie registrieren eben auch sehr wohl, *wer* es sagt.

BEOBACHTE DICH SELBST: Ein Höfling hört hin, ist aufmerksam, wenn andere über ihn sprechen oder ihm ein Feedback über sein Verhalten geben. Er bemüht sich ständig darum, sich selbst, sein Verhalten und seine Handlungen durch die Augen der anderen wahrzunehmen. Er lernt in jeder Situation und arbeitet stetig an der Verbesserung seines Verhaltens.

BEHERRSCHE DEINE EMOTIONEN: Die Wahrheit zu sagen, ist zwar ein hehrer Anspruch, aber nur wenig gefragter Teil der Rolle eines Höflings. Der gefühlsmäßige Beitrag ergibt sich aus den Anforderungen jeder einzelnen Situation. Zeigt der Höfling Emotionen, sind es immer die, die von seinem Umfeld erwartet werden. Der Höfling ist kein Spielverderber, sondern spielt gekonnt mit, um letztlich daraus Nutzen zu ziehen.

PASS DICH DEM ZEITGEIST AN: Kleidung, Denken und Sprache sollten der Gegenwart gerecht werden. Ein Höfling weiß, was gerade „state of the art" ist. Er prescht nicht vor, sondern passt sich dem allgemeinen Trend an und verwendet, wo immer er kann, die Sprache seiner Zielgruppe.

SEI DEINEN MITMENSCHEN EIN QUELL DER FREUDE: Menschen suchen das Angenehme, und scheuen Unangenehmes oder Hässliches. Ein Höfling repräsentiert das Angenehme. Er will erreichen, das seine Anwesenheit nur Gutes verheißt, sich sein Erscheinen mit angenehmen und positiven Eindrücken verbindet. Von ihm geht positive Energie aus.

Höflinge gab es nicht nur am Hofe des Sonnenkönigs Ludwig XIV. Macht in Ihrem Umfeld plötzlich jemand Karriere, der Ihnen vorher nie aufgefallen ist, könnte es sich um einen solchen Schmeichler handeln. Einschmeicheln ist eine sehr wirksame Technik und wie bereits gesagt, verschwimmt der fließende Übergang zwischen Freundlichkeit und taktischem Verhalten.

Im Zusammenhang mit Führung auf Augenhöhe setzen wir auf freundliche Wertschätzung

Im Zusammenhang mit Führung auf Augenhöhe setzen wir auf freundliche Wertschätzung. Und doch ist es wichtig, die entsprechenden Techniken mikropolitischer Einflussnahme zu kennen, um frühzeitig auf entsprechende Signale reagieren zu können.

6.1.2 Reziprozität – Wie du mir, so ich dir

Das universelle Prinzip der Gegenseitigkeit besagt, dass, wer etwas geschenkt bekommt, im Gegenzug eine Verpflichtung eingeht, etwas zurückzugeben. Die Anwendung dieses Prinzips erleben Kunden hautnah bei der Entgegennahme kleiner Präsente oder bei Probeverköstigungen. Dies gilt aber auch im ganz normalen Umgang miteinander. Lächelt man eine Person an, erwidert diese in der Regel das Lächeln. Übernimmt ein Mitarbeiter für einen anderen den Wochenenddienst, entsteht gewollt oder ungewollt ein Gefühl der Verpflichtung, eine entsprechende Gegenleistung zu erbringen. Auch die faire Behandlung durch Führungskräfte kann bewirken, das sich Mitarbeiter kooperativer und engagierter verhalten. Erfolgt eine Leistung auf eine Gegenleistung, fördert dies das gegenseitige Vertrauen und festigt so die sozialen Beziehungen.

Erfolgt eine Leistung auf Gegenseitigkeit, fördert dies das gegenseitige Vertrauen und festigt so die sozialen Beziehungen

Natürlich lässt sich dieser Umstand der sozialen Verpflichtung in Kommunikationsbeziehungen auch strategisch nutzen. Ziel ist es dann, beim Gegenüber Bonuspunkte zu sammeln und ihn in eine Situation zu bringen, einem etwas schuldig zu sein. Nun sorgt man dafür, dass der andere diese Schuld nicht zu seinen Bedingungen zurückzahlen kann, sondern wartet so lange, auf die Fähigkeiten und Kontakte des anderen zurückzugreifen, bis es in die eigene Strategie passt. Kommt es dann zu den Telefonaten, in deren Verlauf der berüchtigte Satz fällt: *„Du bist mir da übrigens noch etwas schuldig ... "*, steht der andere oft so unter Druck, die Schuld auszugleichen, dass er auf Ansinnen eingeht, die er sonst abgelehnt hätte.

6.1.3 Konsistenz und Commitment – Wer A sagt, muss auch B sagen

Wer A sagt, muss auch B sagen. Dieses Sprichwort beschreibt prägnant das Prinzip der Konsistenz. Nehmen Menschen zu etwas Stellung, dann geht dies üblicherweise einher mit einer gewissen Verbindlichkeit, diese Meinung auch weiterhin zu vertreten. Erfolgt die Stellungnahme öffentlich, verstärkt dies das Maß der Verbindlichkeit. Die gleiche Wirkung hat es, wenn eine Stellungnahme schriftlich erfolgt. Dies hat durchaus einen Sinn, wenn man bedenkt, dass Verlässlichkeit für Kooperationen und Führen auf Augenhöhe unerlässlich ist.

Erfolgt eine Stellungnahme öffentlich, verstärkt dies das Maß der Verbindlichkeit

Nun lässt sich dieses Prinzip aber auch strategisch nutzen. Bringt man Menschen dazu, sprich, beeinflusst man ein Gespräch dahingehend, dass ein Gesprächspartner öffentlich, freiwillig und aktiv zu etwas zustimmt, lässt sich diese Zustimmung für weitere Einflussnahmen verwenden.

Potenzielle Kunden durch sukzessive Zustimmung auf die sog. „Ja-Straße" führen

Verkäufer machen sich dieses Grundprinzip zu Nutze, wenn sie potenzielle Kunden durch sukzessive Zustimmung (Commitment) auf die sog. „Ja-Straße" führen. Sie kleiden ihre Verkaufsargumente in Fragen, die der Käufer wahrscheinlich mit einem Ja beantworten wird *(Meinen Sie nicht auch, dass ...)*. Hat der Kunde auf mehrere Fragen positiv reagiert, ist die Wahrscheinlichkeit hoch, dass der Verkäufer zum Abschluss gelangt, weil der Kunde sich durch dessen geschicktes Fragen gewissermaßen selber die Gründe für den Kauf liefert. Aufbauend auf kleinen Zustimmungen werden durch geschickte Einflussnahme Zustimmungen mit größerer Tragweite möglich.

Das Prinzip von Konsistenz und Commitment lässt sich unterschiedlich nutzen. Wenn Menschen freiwillig, öffentlich und aktiv eine Verhaltensänderung kundtun, erhöhen sich gegenüber einer externen Aufforderung, das Verhalten zu ändern, die Chancen auf eine tatsächliche Verhaltensänderung deutlich. Das gemeinsame partizipative Vereinbaren von Zielen erhöht die Chancen auf Realisierung durch die dabei entstehende Selbstverpflichtung. Werden die Ziele schriftlich ausformuliert und fixiert, verstärkt sich diese Wirkung noch.

Umgekehrt tragen Leitbilder auf Hochglanzpapier, die Mitarbeiter allgegenwärtig auf die Ziele einer Organisation hinweisen, aber im Alltag nicht gelebt werden, zu einem Verdruss bei, der eher zu einer grundsätzlichen Verunsicherung führt und Kooperation und Identifikation infrage stellt.

Commitment und Konsistenz sind im positiven Sinne durchaus wertvolle Prinzipien im Rahmen von Führen auf Augenhöhe.

6.1.4 Einflussnahme durch soziale Bewährtheit

Wenn Menschen verunsichert sind, orientieren sie sich am Verhalten ihres Umfeldes

Wenn Menschen verunsichert sind, orientieren sie sich am Verhalten ihres Umfeldes. Auch wenn wir uns zu etwas entscheiden, spielen offensichtlich die Erfahrungen anderer eine große Rolle. Zumindest gilt dies dann, wenn wir selbst keine klaren Vorstellungen davon haben, was wir erwarten können. Je ähnlicher uns aus unserer Sicht diese Referenzpersonen sind, desto mehr Orientierung bieten uns ihre Meinung oder ihr Verhalten und Handeln.

Dies können wir uns auch in beruflichen Situationen zu eigen machen. Es wirkt überzeugend, wenn sie Thesen mit Statistiken belegen können, die für ihre Zielgruppe repräsentativ sind. Es verstärkt die Wirkung von Aussagen, wenn man auf die Empfehlungen von anderen zurückgreifen kann. Insbesondere dann, wenn die genannten Personen für die Gesprächspartner eine Bedeutung haben. Im Umkehrschluss wirkt dies aber auch auf unser Verhalten ein.

Soziale Bewährtheit ist vielleicht auch eine Kraft, die wirkt, wenn wir nach gemeinsamen Lösungen suchen. Je größer der Anteil der Teilnehmer oder Mitarbeiter einer Gruppe oder eines Teams, die zu einem gemeinsamen Ergebnis oder einer gemeinsamen Vorstellung kommen, desto höher auch der entstehende Druck auf die noch unsicheren oder unentschiedenen Teilnehmer oder Mitarbeiter. Dies besagt nun nichts über die Richtigkeit oder Objektivität, sondern nur etwas über den entstehenden sozialen Druck.

Soziale Bewährtheit ist vielleicht auch eine Kraft, die wirkt, wenn wir nach gemeinsamen Lösungen suchen

In Diskussionen und Abstimmungsprozessen, in denen es um Innovationen und Erneuerungen geht, flüchtet sich das konservative, beharrende Lager oft in Killerphrasen wie: *„Das haben wir doch noch nie so gemacht."* Obwohl hier kein inhaltliches Argument gegen die Innovation vorgebracht wird, zeitigt diese „Argumentation" doch bei vielen Wirkung, weil sie das Sicherheitsstreben derer anspricht, die auf soziale Bewährtheit setzen.

6.1.5 Einfluss durch die Kraft der „Autorität"

Wir haben bereits in der Einführung versucht zu verdeutlichen, wie intensiv und nachhaltig unsere Vorstellungen von Einflussnahme durch Erfahrungen mit ganz unterschiedlichen Autoritäten geprägt werden. Wir speichern diese Erfahrungen ab und sie brennen sich buchstäblich in unser Verhalten ein und führen zu Verhaltensmustern, aus denen wir uns nur schwer befreien können.

Erfahrungen mit Autoritäten beeinflussen unsere Entscheidungen und führen zu festen Verhaltensmustern

Eines der eindrucksvollsten Experimente, die zeigen, welchen Einfluss Menschen auf andere ausüben, die von den Betroffenen als Autoritäten anerkannt werden, sind die Experimente von Stanley Milgram. Unter Anleitung eines Versuchsleiters wurden Probanden aufgefordert, Lernfehler bei einer Person, die in einem anderen Raum saß, durch Stromstöße zu bestrafen. Bei zunehmender Fehlerzahl sollten die Probanden durch das Drücken eines entsprechenden Schalters die Strom-dosis sukzessive erhöhen. Obwohl jede Bestrafung bei den Lernenden (in Wirklichkeit Schauspieler) offensichtlich zuneh-mend stärkere Schmerzen auslöste, folgten sechzig Prozent der Probanden trotz erheblicher Zweifel den Anweisungen des „wissenschaftlichen" Versuchsleiters und verabreichten letztlich vermeintliche Stromstöße bis 450 Volt.

Führen auf Augenhöhe setzt auf Kooperation, befreit uns aber nicht in Auseinandersetzungen, die wir führen, von inne-ren Bildern. Es ist sicherlich ein Lernprozess von Nöten, wenn es darum geht, Entscheidungen in Teams zu treffen, in denen Menschen mit ganz unterschiedlicher Qualifikation, Fähigkei-ten und Kompetenzen sitzen. Dies gilt gleichermaßen für den Moderator einer Gruppe wie für die Teilnehmer einer Gruppe und dies gilt auch im Hinblick auf die Fragestellung, welchen einschränkenden und/oder entgrenzenden Einfluss Men-schen auf unser Denken und Handeln haben, denen wir unbe-wusst das Attribut Autorität zuordnen.

6.1.6 Einflussnahme durch Knappheit

Sind Ressourcen be-grenzt, werden Dinge schwer erreichbar, die Menschen haben möchten, erhöht dies ih-ren Wert

Die Verfügbarkeit von etwas bestimmt seinen Marktwert. Sind Ressourcen begrenzt, werden Dinge schwer erreichbar, die Menschen haben möchten, erhöht dies ihren Wert. Je drängen-der der Wunsch, desto höher die Bereitschaft, vieles dafür zu tun, um in ihren Besitz zu kommen.

Typische Beispiele sind Sammler, die häufig bereit sind, viel Geld für ein Sammlerstück zu bezahlen, weil es für sie eine Rarität darstellt. Der rein materielle Wert und der Sammler-wert können ausgesprochen weit auseinanderliegen. Auch die Werbung schafft Begehrlichkeiten und Handlungsdruck durch die Auflage limitierter Sondereditionen oder die Dro-hung: „Nur solange der Vorrat reicht".

Auch im Zusammenhang mit Führen auf Augenhöhe spielt der Umgang mit Knappheit eine Rolle. Während sich in stark hierarchischen Unternehmen durchaus ein Zusammenhang zwischen dem Besitz von Informationen und der Stellung wahrnehmen lässt, setzt Führung auf Augenhöhe darauf, dass alle Zugang zu allen Informationen haben. In autoritären Füh-rungssystemen war und ist Wissen ein Machtmittel, wird Herr-schaftswissen gepflegt. Wer über wichtige Informationen ver-fügt oder zu ihnen Zugang hat, hat deutliche Vorteile.

Im Rahmen mikropolitischer Einflussnahme kann Wissen zur Waffe werden. Die Führungskraft kann Informationen strategisch nutzen, Mitarbeiter teilhaben lassen oder ausschließen. Aber auch die Mitarbeiter können Informationen an die Führungskraft weiterleiten oder eben nicht.

Im Rahmen mikropolitischer Einflussnahme kann Wissen zur Waffe werden

Durch den radikal veränderten Zugang zu Wissen durch das Internet und die schier unbegrenzten Möglichkeiten des Austausches von Wissen über moderne Kommunikationsnetze haben sich die Rahmenbedingungen fundamental verändert. Damit erhöhen sich für alle Beteiligten die Möglichkeiten der Einflussnahme.

Doch nicht nur Wissen und Informationen sind Beispiele für knappe Güter. In fast jeder Funktion lässt sich situationsabhängig Knappheit als Einflussmittel nutzen. Hausmeister können den Zugang zu technischen Geräten ermöglichen, verzögern oder verhindern, Büroangestellte vielleicht den Zugang zu Formularen, eine Sekretärin das Durchstellen eines Anrufes oder die Vereinbarung eines Termins. Dort, wo Ressourcen knapp sind, wird sich eine Möglichkeit finden, die Teilhabe daran als Einflussmittel zu nutzen. Dies ist dann aber ein Ausdruck von Machtausübung und damit kein Mittel der Wahl bei lateraler Führung.

Die Teilhabe an Ressourcen zu behindern oder zu verhindern, ist ein Ausdruck von Macht und kein Mittel lateraler Führung

6.1.7 Möglichkeiten der Einflussnahme von A bis Z

Im Folgenden erhalten Sie eine Übersicht über Möglichkeiten der Einflussnahme von A bis Z. Wie wir gesehen haben, kommt es immer darauf an, was man daraus macht. Entscheiden Sie also selbst, wie Sie die hier kurz anskizzierten Möglichkeiten nutzen: Als Motivations- und Überzeugungshilfe im Sinne lateralen Führens oder als Manipulationstechnik im Rahmen mikropolitischer Strategie.

Einflussnahme	Ziel	Kurze Beschreibung
Ablehnung	Ermutigung	Verlangen Sie zunächst etwas, was wahrscheinlich abgelehnt wird, bevor Sie mit Ihrer eigentlichen „erfüllbaren" Forderung kommen.
Alltagssprache	Verständigung optimieren	Vermeiden Sie Fremdwörter und wissenschaftliche Monologe. Klare einfache Worte kommen besser an und werden einfacher verinnerlicht.
Analogie	Verständigung optimieren	Nutzen Sie Analogien, um etwas zu veranschaulichen. *„Viele Köche verderben den Brei."*

Angebote	Aufmerksamkeit bekommen	Von Zeit zu Zeit ist es wichtig, Ihren Mitarbeitern Anreize zu bieten, warum sie gerade in Ihrem Team mitarbeiten sollten.
Ankern	Beziehungen verstärken	Nutzen Sie positive Situationen und Effekte und verbinden Sie diese mit Ihren Forderungen. Sie verankern sich im Gedächtnis Ihres Gegenübers.
Anrede	Beziehungen aufbauen	Jeder hört seinen Namen gern. Reden Sie andere mit ihrem Namen an. Eine leichte, aber wirkungsvolle Technik.
Atmosphäre	Beziehungen herstellen	Schaffen Sie ein angenehmes Klima durch positive Stimmung. Je wohler sich Ihr Mitarbeiter mit Ihnen fühlt, desto leichter wird er Ihren Ideen folgen.
	Sicherheit und Wohlbefinden	Musik, gutes Essen, Raumklima etc. können entscheidende Faktoren für ein positives Ergebnis sein.
Ausschluss	Blockierung	Schließen Sie eine Person beim üblichen Smalltalk aus.
Bedenken und Sorgen	Emotion wecken	Achten Sie auf die geäußerten Bedenken Ihrer Mitarbeiter. Diese sollten erst aus dem Weg geräumt werden, bevor zielführend gearbeitet wird.
Begehren	Motivation	Man will immer genau das, was man nicht haben kann. Locken Sie mit einem „Nein".
	Zielorientierung fördern	Kennen Sie das? Je mehr man Ihnen erzählt, dass Sie etwas nicht haben können, desto mehr glauben Sie, es unbedingt haben oder erreichen zu müssen. Arbeiten Sie damit ...
Bilder	Emotional Überzeugen	Bilder erzeugen Gefühle und prägen sich intensiver ein als Worte. Nutzen Sie zur Darstellung Ihrer Ideen einfache, aber starke Bilder.
Denke positiv	Motivation	Formulieren Sie selbst Zweifel und Bedenken positiv. Dies wirkt weniger demotivierend!
Direktheit	Verständigung optimieren	Äußern Sie klare, kurze Sätze und vermeiden Sie, darum herumzureden.
Eifersucht	Emotionen wecken	Auch Eifersucht kann ein guter Motivator sein, etwas zu erreichen.
Eigenbemühung	Motivation	Jeder eigene Beitrag Ihres Gegenübers erhöht die Wirksamkeit. Es ist wie beim Lernen: Was wir selbst gelernt haben, ist deutlich wirksamer als das, was uns andere eintrichtern.
Entweder – Oder	Einverständnis einfordern	Hier werden von vornherein Alternativen ausgeschlossen: „Das Angebot sollte mit der Firma A oder B abgeschlossen werden. Da Firma A zurzeit nicht liquide ist, bleibt also nur Firma B."
Entzug	Blockierung	Durch Entzug von Privilegien und Ressourcen können Sie den Einfluss anderer empfindlich beschneiden.
Erfahrungsberichte	Verstärker	Finden und verwenden Sie Aussagen von anderen, die Ihre Erfahrungen/Behauptungen unterstreichen.

Ergebnis	Zielorientie-rung fördern	Sprechen Sie darüber, wie das Ergebnis aussieht. Lassen Sie den Mitarbeiter das fertige Produkt visualisieren.
Erlebnisse/ Geschichten	Verinner-lichung	Inhalte zur richtigen Zeit in interessante Geschichten und Erlebnisse einzubauen, sichert Ihnen Zuhörer und verankert die Botschaften bei Ihren Ansprechpartnern.
Erwartungen	Zielorientie-rung fördern	Kreieren Sie ein gedankliches Ziel. Ihre Erwartungen prägen ein Bild im Bewusstsein des Mitarbeiters.
Evidenztaktik	Einverständnis einfordern	Bei der Evidenztaktik wird so getan, als sei eine Argumentation ganz klar und eindeutig und jede Diskussion überflüssig. *„Es ist doch allgemein bekannt und anerkannt, dass ...“*
Farben	Emotional überzeugen	Farben können Gefühle verstärken. Farben in der Kleidung können Ihre persönliche Wirkung unterstützen.
Fehlschluss	Einverständnis einfordern	Es wird nur eine Möglichkeit als richtig dargestellt. Damit ist alles andere sofort außer Kraft gesetzt.
Fragen zulassen	Interesse ab-fragen	Laden Sie Ihre Mitarbeiter ein, Fragen zu stellen. Wer fragt, der führt und signalisiert gleichzeitig Interesse.
Fragetechniken	Übereinstim-mung	Formulieren Sie Ihre Fragen ergebnisorientiert und mit positiver Antwortmöglichkeit.
Fürsorge	Einbindung der Mitarbeiter	Kümmern Sie sich um Ihre Mitarbeiter, indem Sie Interesse an ihrem Wohlbefinden zeigen. *„Wie geht es Ihrer Familie?“ „Ist Ihre Erkältung besser geworden?“*
Gefallen erweisen	Rückleistung	Wie bei den kleinen Geschenken wirkt auch hier das Prinzip der Reziprozität. Ob Geschenk oder Gefallen, beide lösen das Bedürfnis aus, etwas zurückzugeben.
Gefolgsleute/ Mitstreiter	Durchsetzen	Finden Sie Gefolgsleute und Stakeholder für Ihre Idee(n). Je größer der Kreis der Unterstützer, desto größer die Chancen für eine Realisierung.
Geheimnisse	Vertrauen	Der Austausch von (vermeintlichen) Geheimnissen schafft ein Gefühl von Vertrauen und Verpflichtung. *„Ganz im Vertrauen gesagt, ...“*
Gerüchte	Blockieren	Gerüchte über eine Person verbreiten – positiv wie negativ – verfehlt nie seine Wirkung.
Gruppengefühl	Durchsetzen	Bemühen Sie sich um ein starkes Gefühl der Identifikation. Je stärker das Wir-Gefühl ist, desto „gemeinsamer“ handeln Gruppen.
Gruppen-zugehörigkeit	Dynamik/ Motivation	Nicht allein zu sein, „dazuzugehören“ fördert die Kraft und Energie, die in die Umsetzung eines Projekts gesteckt wird.
Haloeffekt	Beziehungen aufbauen	Menschen machen sich relativ schnell ein Bild von ihrem Gegenüber. Nutzen Sie den „Überstrahlungseffekt“, um bei anderen durch ein geeignetes Merkmal, das Sie besonders forcieren, einen guten Eindruck von sich zu verfestigen.

Hier und Jetzt	Zielorientierung fördern	Vermitteln Sie, dass genau jetzt der richtige Zeitpunkt für ein Vorhaben ist und schaffen so Motivation und Handlungsdruck.
Humor	Beziehungen aufbauen	Bringen Sie andere gezielt zum Lächeln. Fühlen diese sich in Ihrer Nähe wohl, legen Sie einen Grundstein zum Aufbau einer Beziehung.
Ignorieren	Blockierung	Verhalten Sie sich so, als ob eine Person gar nicht existiert. In der Regel wird eine große Verunsicherung die Folge sein.
Investieren	Bindung herstellen	Je mehr Sie ermöglichen, dass Ihr Mitarbeiter persönlich in ein Vorhaben investieren kann, desto größer die Chance, dass er auch bis zum Schluss aktiv an der Umsetzung arbeiten wird.
Killerphrasen	Blockieren	„ ... das war doch schon immer so ... " Eine übliche Methode, um jede Innovation im Keim zu ersticken.
Knappheit	Blockierung	Geben Sie nur das unbedingt Notwendigste. Sie blockieren damit gezielt die Handlungsfähigkeit der anderen Person.
Körpersprache	Beziehungen aufbauen	Körpersprachliche Signale sind wichtige Bausteine unserer Kommunikation. Trainieren Sie Ihre Wahrnehmung und lernen Sie, bewusster mit Körpersprache umzugehen.
Lächeln	Beziehungen aufbauen	Lächeln Sie Menschen an, unaufdringlich aber stetig. Sie trainieren die Kontaktaufnahme und erhalten in der Regel ein positives Feedback.
Lebendige Sprache	Motivation/ Verständigung	Durch die Verwendung von Verben und Vergleichen wird Ihre Sprache lebendiger und Ihre Botschaft besser aufgenommen.
Lebenserfahrung	Sympathie wecken	Teilen Sie auch einmal private Erfahrungen mit, z.B. Ihre persönlichen Methoden gegen Stress, zum Zeitmanagement etc.
Limitieren	Motivation	Schüren Sie den angeblichen Bedarf an einer Sache und limitieren Sie gleichzeitig die entsprechenden Ressourcen. Jeder wird bemüht sein, genau diese Sache zu erreichen.
Lob	Sympathien herstellen	Kritisieren Sie nicht nur, sagen Sie Ihrem Gegenüber auch, was Sie an ihm schätzen.
Mehr als nötig	Einverständnis einfordern	Stellen Sie immer mehr Forderungen, als Ihnen wichtig sind. Wenn Sie anschließend auf die Ihnen unwichtigen verzichten, wird dies als Entgegenkommen gewertet.
Mitleid	Emotionen wecken	Mitleid seines Gegenübers für etwas oder jemanden zu wecken, kann motivieren.
Mund halten	Zielorientierung fördern	Sollten Sie ein überzeugendes „Ja" bekommen haben, belassen Sie es einfach dabei und reden sich nicht danach noch um Kopf und Kragen.
Pausen	Verständigung optimieren	Geben Sie Ihren Zuhörern Zeit, das Gesagte „zu verdauen".
Perspektivenwechsel	Motivation	Zeigen Sie Zusammenhänge und Hintergründe auf, um einen Mitarbeiter für eine schwierige Aufgabe zu gewinnen.

Philosophie	Bindung stärken	Arbeiten Sie an der Vermittlung und Verinnerlichung der Firmenphilosophie. Je mehr der Mitarbeiter sich mit den Idealen identifiziert, desto loyaler wird er sein.
Positiver Fokus	Ermutigung	Ist das Glas halb voll oder halb leer?
Prinzipien	Durchsetzen	Prinzipien können eine Orientierung geben. In Unternehmen erfüllen Leitbilder und Visionen diese Funktion. Wichtig ist, dass sie verstanden und gelebt werden, sie entwickeln dann eine verbindende Kraft.
Prokrastination	Zielorientierung fördern	Mit dem Phänomen der „Aufschieberitis" werden Sie immer wieder konfrontiert werden – sowohl bei sich selbst als auch bei anderen. Setzen Sie eine verbindliche „Deadline".
Rapport	Beziehungen aufbauen	Bauen Sie guten Kontakt auf, indem Sie auf andere eingehen. Achten Sie auf Spiegelungen als Ausdruck von Rapport.
Ratschlag	Einbindung der Mitarbeiter	Scheuen Sie sich nicht, Ihre Mitarbeiter um Rat zu fragen. So fühlen diese sich eingebunden und ernst genommen
Reiz-Reaktionstechnik	Emotionen wecken	Verbinden Sie wichtige Ziele und Aussagen mit einer sinnlichen Erfahrung Ihres Gesprächspartners. Sie setzen so einen Anker, der es ihm erleichtert, das Ziel zu verinnerlichen.
Respekt	Beziehungen aufbauen	Begegnen Sie Menschen grundsätzlich mit Respekt. Menschen, die sich respektiert fühlen, werden auch mit Ihnen respektvoll umgehen.
Rollentausch	Einbindung der Mitarbeiter	Fragen Sie: „Was würden Sie an meiner Stelle tun?" Andere Blickwinkel öffnen und weiten Ihren Horizont!
Schmeicheln	Sympathien herstellen	Schmeicheln Sie ruhig einmal. Jeder braucht ab und zu etwas Nahrung für das Selbstbewusstsein.
Schock	Aufmerksamkeit bekommen	Versuchen Sie es mit einer schockierenden Aussage. Das „weckt" garantiert aus dem „Büroschlaf".
Schriftliche Vereinbarung	Bindung stärken	Halten Sie auch kleinere Absprachen schriftlich fest. Dies wirkt wie ein Vertrag und wird als verbindlicher empfunden.
Schweigen	Aufmerksamkeit bekommen	Manchmal kann es sinnvoll sein, wenn Dinge für sich selbst sprechen. Erklären Sie nicht alles. Lassen Sie Statements im Raum stehen.
Sinneswahrnehmung	Einbindung der Mitarbeiter	Denken Sie immer daran, bei allem, was Sie vermitteln wollen, alle Sinne Ihres Gegenübers anzusprechen. Nutzen Sie Bilder, Filme, zeigen Sie reale Beispiele.
Spiegeln	Atmosphäre schaffen	Menschen fühlen sich wohl, wenn Sie sich „unter ihres Gleichen" wissen. Am schnellsten erreichen Sie dies, wenn Sie jemanden „spiegeln". Das bedarf allerdings einiger Übung.
Spiegeln/ Stimmung	Bindung stärken, Übereinstimmung erreichen	Wenn Sender und Empfänger in unterschiedlicher Stimmung sind, gibt es Störungen. Worte und Empfindungen passen dann nicht zusammen. Versuchen Sie, sich der Stimmung Ihres Gesprächspartners anzupassen.

Spiegeln/ Atmung	Vertrauen aufbauen	Den Atemrhythmus zu spiegeln, ist eine indirekte und gleichzeitig wirkungsvolle Möglichkeit, um Vertrauen und Sicherheit herzustellen.
Spiegeln/ Sprache	Atmosphäre schaffen	Übernehmen Sie die Art der Sprache, bestimmte Worte Ihres Gesprächspartners. Eine effektive Methode, um Distanzen aufzubrechen.
Spiegeln/ Stimme	Atmosphäre schaffen	In gleicher Stimmlage zu sprechen, lässt ein Gefühl der „gleichen Wellenlänge" aufkommen.
Statistiken	Glaubwürdigkeit	Vergleichbar mit Studien können auch Statistiken Ihre Meinung unterstützen. Statistiken vermitteln den Eindruck von Seriosität und Objektivität.
Stimme	Verständigung optimieren	Sprechen Sie laut und deutlich, nicht zu langsam oder monoton.
Stolz	Emotionen wecken	Appellieren Sie an den Stolz einer Person. Beispiel: *„Haben Sie den Mut, sich einer solch schwierigen Aufgabe zu stellen?"*
Studien	Glaubwürdigkeit	Verstärken Sie Ihre Aussagen mit (wissenschaftlichen) Studien, dies erhöht die Wirksamkeit und Glaubwürdigkeit.
Symbole	Einschätzen	Achten Sie auf Symbole und Zeichen. Schmuck, Kleidung, Parfum, Automarke etc. sind Beispiele für Zeichen und Symbole, die Ihnen Hinweise über Ihren Gesprächspartner geben.
Teilen	Einbindung der Mitarbeiter	Teilen Sie Ihre Gedanken, Vorstellungen und nächsten Schritte. Je mehr Einblick Ihr Mitarbeiter hat, desto mehr Verbindung besteht zwischen Ihnen.
Time and Setting	Beziehung herstellen	Stellen Sie sicher, dass die Zeit und der Ort für Ihre Anliegen oder Forderungen richtig sind.
Testimonials	Selbstdarstellung	Zeigen und untermauern Sie Ihre Kompetenz durch Referenzen und Veröffentlichungen. Sorgen Sie für eine gezielte und gute Selbstdarstellung. Beachten Sie dabei aber, dass es schwer ist, einmal ins Internet eingestellte Informationen zu löschen.
Verbindungen/ Netzwerke	Assoziationen herstellen	Berufen Sie sich ruhig auf namhafte Persönlichkeiten oder Firmen, wenn Sie solche Kontakte besitzen.
Vereinbarungen, öffentliche	Bindung stärken / Motivation	Machen Sie Vereinbarungen, aber auch eigene Ziele öffentlich. Sie oder der andere fühlen sich eher verpflichtet, das Ziel auch umzusetzen.
Verknüpfungen	Emotionen wecken	Erläutern Sie Ihre Anliegen mit positiven und emotionsgeladenen Worten.
Verlust	Zielorientierung fördern Bindung, Motivation	Menschen reagieren unverhältnismäßig panisch, wenn ein Verlust droht. Führen Sie einen potenziellen Verlust vor Augen und der Betreffende wird alles versuchen, um dies zu vermeiden.

Vermeidung	Blockierung	Durch Vermeidung jeglicher sozialer Zuwendung werden Sie normalerweise eine große Verunsicherung Ihres Gegenübers erzielen.
Veröffentli-chungen	Verstärkung	Wie bei Daten und Fakten greifen Sie zur Unterstreichung der Wichtigkeit auf evtl. Veröffentlichungen in Medien zurück.
Verpackung	Zielorientie-rung fördern	Bringen Sie Ihren Mitarbeiter dem Ziel näher, indem Sie unangenehme Aufgaben in angenehme Tätigkeiten „verpacken". *„Sie können Ihre Idee gern umsetzen und führen dabei auch gleich die (ungeliebte) Statistik mit ein."*
Verpflichtung	Bindung stärken	Geschenke oder erwiesene Gefallen bringen immer ein starkes Gefühl sozialer Verpflichtung mit sich. Vorsicht, auch Ihnen werden Geschenke gemacht! Lernen Sie zu unterscheiden!
Verunsichern	Selbstinsze-nierung	Irritieren oder konfrontieren Sie jemanden in einer Weise, die ihn „negativ" beschäftigt und helfen Sie ihm dann anschließend beim Finden einer Lösung (stark manipulative Technik!).
Werte und Normen	Bindung	Stehen Sie sichtbar für Ihre Wertvorstellungen ein. Damit vermitteln Sie Zuverlässigkeit, Stabilität und Sicherheit.
Wettbewerb	Einbindung der Mitarbeiter	Nutzen Sie die Power des Wir-Gefühls. *„Wir können die Konkurrenz ausschalten!"*
Wichtigkeit	Motivation	Vermitteln Sie Ihrem Mitarbeiter, dass er wichtig ist und er wird als Antwort darauf verantwortungsbewusst und zielgerichtet handeln.
Widerstand	Einbindung der Mitarbeiter	Sie werden nicht immer gewinnen können. Lernen Sie mit Einwänden und Widerständen charmant und selbstbewusst umzugehen.
Wiederholun-gen	Einbindung der Mitarbeiter	Durch einfache Wiederholungen helfen Sie, dass Mitarbeiter das Ziel / die Aufgabe verinnerlichen.
Wir-Gefühl	Einbindung der Mitarbeiter	Benutzen Sie Worte wie *„wir", „uns", „gemeinsam", „zusammen", „miteinander"* etc. Sie schaffen so mehr Verbundenheit und Sicherheit.
Wissenschaft	Verstärker	*„Wissenschaftliche Studien haben ergeben."* Dies hat sehr große Überzeugungskraft – aber seien Sie vorsichtig mit solchen Äußerungen, der Zuhörer könnte Nachweise verlangen!
Wortwahl	Vertrauen aufbauen	Benutzen Sie keine brüskierenden Worte. Wählen Sie eine „freundlichere" Umschreibung. Sie wirken dadurch sympathischer.
Würdigung	Sympathien herstellen	Würdigen Sie wohlwollend, wenn Ihr Mitarbeiter etwas Besonderes geleistet hat.
Zukunftsaus-sichten	Einbindung der Mitarbeiter	Schaffen Sie Raum für Neues. Geben Sie Anreize für neue Ideen und darauf aufbauende Projekte für die Zukunft.

6.2 Die eigene Überzeugung als Voraussetzung für laterales Führen

Die Verantwortlichen müssen sich bewusst für mehr Selbstverantwortung und Selbststeuerung entscheiden

Führen auf Augenhöhe oder, um das Thema weiter zu fassen, die Entscheidung, auf mehr Selbstverantwortung und Selbststeuerung zu setzen, basiert darauf, dass Verantwortliche sich bewusst für diesen Weg entscheiden. Es bedarf der Initialzündung an entscheidender Stelle im Unternehmen oder in einem Teilbereich eines Unternehmens, um Raum für die Entwicklung anderer, eher partizipativer Formen der Zusammenarbeit zu gewinnen.

Bei Ricardo Semler (siehe Kap. 5.1) war dieser Punkt anscheinend erreicht, als er spürte, dass der Weg zu mehr Kontrolle, mehr Vorgaben und immer differenzierteren Versuchen, Prozesse zu berechnen und steuern, sich exzessiv ausweitete, ganz nach dem Motto „mehr von dem demselben".

Auf Selbststeuerungskräften beruhende Systeme können erfolgreicher sein als überreglementierte

Dieses Vorgehen erinnert an die Bemühungen von Verantwortlichen, den Verkehr an einer stark befahrenen Straßenkreuzung mit vielen Ampeln, Schildern und Fahrbahnmarkierungen zu steuern. Funktioniert dies nicht, erweitert man das System durch noch auffälligere Markierungen, vielleicht andere oder noch mehr Schilder, optische ergänzende Elemente, Fahrbahnschwellen und anderes. Einen anderen Weg ging die niederländische Stadt Drachten. Sie engagierte Hans Monderman, einen Verkehrsplaner, auf dessen Rat hin alle Kontrollsysteme konsequent entfernt wurden. Seine Idee: Alle Verkehrsteilnehmer müssen sich als Partner begreifen, egal ob Fußgänger, Fahrrad- oder Autofahrer. Monderman setzte auf Selbststeuerungskräfte und Selbstkontrolle – und er hatte Erfolg, sowohl im Hinblick auf die sinkenden Unfallzahlen als auch im Hinblick auf die Verkürzung der Transitzeiten, die zum Durchqueren der Stadt nötig waren.

Kehren wir zurück zu der Frage, was Menschen motiviert, eingefahrene Wege, wie etwa die Organisation in hierarchischen Strukturen, zu verlassen und sich auf das Terrain der kooperativen Entscheidungen zu wagen.

Ein eher ungewöhnliches Beispiel bietet hier Andreas Glemser, Inhaber von COCOM IN Training & Coaching, der auf die zunehmende Vereinnahmung durch sein Unternehmen damit reagierte, dass er zu einer viermonatigen Weltreise aufbrach, unerreichbar für seine Mitarbeiter und ohne seinerseits Kontakt aufzunehmen. Zurückgekehrt fand er nicht nur ein erfolgreiches Unternehmen vor, sondern auch Mitarbeiter, deren Engagement und Kompetenzen sich grundlegend verändert hatten (Wüthrich 2009). Glemsers Beispiel zeigt anschaulich, wie viel Energie manche Menschen investieren, in der Überzeugung, die Verantwortung alleine tragen zu müssen.

Es gibt zwei zentrale Motive, sich mit der Ausdünnung von Hierarchien und lateralem Führen zu befassen:

* Der zunehmenden Komplexität, mit der Unternehmen konfrontiert sind, lässt sich leichter durch Kooperation und Zusammenarbeit begegnen.
* Die wachsende Veränderungsgeschwindigkeit im Umfeld der Unternehmen fordert ihnen immer größere Flexibilität, Lernbereitschaft und Eigenverantwortlichkeit ab.

Gerade im Dienstleistungsbereich entfaltet die Entscheidung für mehr Selbststeuerung eine unmittelbare Außenwirkung. Unternehmen, die vom Erfolg der Kundenzufriedenheit leben und deren Passion darin liegt, diese stetig zu verbessern und zu verfeinern, brauchen motivierte und überzeugte Mitarbeiter. Kunden lassen sich nicht mit einem angeordneten Lächeln und Serviceangeboten, die dem Abarbeiten einer Checkliste entsprechen, begeistern.

Gerade im Dienstleistungsbereich entfaltet die Entscheidung für mehr Selbststeuerung eine unmittelbare Außenwirkung

Das reine Wissen um die Notwenigkeit und die Chancen des Weges hin zu flacheren Hierarchien reicht aber als tragende Kraft kaum aus.

> *FÜR DIE EINFÜHRUNG PARTIZIPATIVER MODELLE BEDARF ES DER ÜBERZEUGUNG UND DES VERTRAUENS IN DIE MENSCHEN UND MITARBEITER.*

Ein solcher Weg ist sicherlich kein Spaziergang, zumal auch Mitarbeiter nicht sofort einen Hebel umlegen können. Wer gelernt hat, sich in hierarchischen Strukturen zu bewegen, dem verlangt Selbststeuerung viel ab. Wer sich mühsam durch den Zuwachs an Macht und Einfluss eine Position erarbeitet, wird vom Abbau hierarchischer Strukturen überzeugt werden müssen. Mitarbeiter, die nie gelernt haben, dass es eigenverantwortliches Arbeiten gibt, werden Sie möglicherweise nicht verstehen, wenn Sie versuchen, es ihnen zu vermitteln. Dennoch, so unsere Überzeugung, lohnt sich die Auseinandersetzung. Viele konkrete Beispiele zeigen, dass partizipative Modelle, die auf zunehmende Selbststeuerung und „Führen auf Augenhöhe" setzen, nicht nur funktionieren, sondern deutlich zu einer höheren Motivation und Identifikation beitragen.

Zur Auseinandersetzung mit der Thematik des Überzeugens bieten wir drei Hilfsmittel an, die wir kurz vorstellen.

6.2.1 Die „Warum Fragen Spirale"

Durch ständiges Hinterfragen der eigenen Antworten das zu Grunde liegende Urmotiv ermitteln

Die „Warum Fragen Spirale" ist ein einfaches, aber effizientes Tool, das auf der Idee basiert, sich durch ständiges Hinterfragen der eigenen Antworten auf die Suche nach dem „Urmotiv" zu begeben. Der Begriff Urmotiv steht für den Punkt, an dem wir sagen können, dass ein weiteres Hinterfragen nicht weiterführt und wir an einem Punkt angekommen sind, an dem das zu Grunde liegende Handlungsmotiv sichtbar wird.

Richtungsweisend sind hier die sog. W-Fragen, die mit *„weshalb", „womit", „wozu", „wo", „wie", „wer"* etc. beginnen. In der Regel stehen am Ende der Fragenkette dann weniger sachliche Gründe oder materielle Vorstellungen, sondern eher persönliche Motive wie der Wunsch nach Anerkennung, Harmonie, Kommunikation etc. Die „Warum Fragen Spirale" ist eine Möglichkeit, um etwas über die eigenen Ziele und Überzeugungen herauszufinden. Was will ich? Was ist mir wirklich wichtig?

Führungskräfte und Mitarbeiter, die diesen Frageprozess erfolgreich und mit für sie vielleicht auch überraschenden Ergebnissen durchlaufen haben, werden entsprechend motiviert und überzeugt sein.

6.2.2 Das Gefangenendilemma

Stellen Sie Ihr eigenes und das Vertrauen der Beteiligten auf den Prüfstand

Vielleicht stießen Sie bei der Beantwortung der W-Fragen auf das Wort „Vertrauen"? In der Übung zum Gefangendillemma spielt die Auseinandersetzung mit Vertrauen eine zentrale Rolle. Die experimentelle Spielsituation des sog. Gefangenendilemmas stammt aus den 1950er-Jahren und wird zwischen Individuen und/oder Gruppen oder auch in Computersimulationen gespielt; häufig in mehreren Durchgängen.

Das Gefangenendilemma beschreibt folgende Situation: Sie und eine andere Person, haben gemeinsam eine Straftat begangen. Sie beide wurden verhaftet und sitzen getrennt voneinander in einem Gefängnis, ohne die Möglichkeit, sich kommunikativ auszutauschen. Der Richter unterbreitet Ihnen beiden folgenden Vorschlag:

* Wenn Sie gestehen und Ihr Partner schweigt, bleiben Sie straffrei und Ihr Partner muss für fünf Jahre ins Gefängnis.
* Schweigen dagegen Sie und Ihr Partner gesteht, geht dieser straffrei aus und Sie müssen fünf Jahre ins Gefängnis.
* Schweigen Sie beide, werden Sie beide auf Basis der Beweislast zu je zwei Jahren Gefängnis verurteilt.
* Gestehen Sie dagegen beide, müssen Sie beide für je vier Jahre ins Gefängnis.

	Ihr Partner schweigt	Ihr Partner gesteht
Sie schweigen	2 / 2	5 / 0
Sie gestehen	0 / 5	4 / 4

Hier geht es ganz offensichtlich um Vertrauen. Auch die Entscheidung zu „Führen auf Augenhöhe" bedarf des Vertrauens und Vertrauen braucht Ihre Vorleistung. Die Frage ist: Wie werden Sie und die an dieser Entscheidung Beteiligten antworten? Wie werden Sie antworten, wenn mehrere Spielzüge aufeinander folgen? Wie wird sich Ihre Antwort in Abhängigkeit von den vermuteten Spielzügen Ihres Partners verändern?

Vertrauen braucht Ihre Vorleistung

6.2.3 Delegation und Vertrauen

Die Entscheidung, Hierarchiestufen abzubauen, bedarf des Vertrauens. Dieses Vertrauen ist gebunden an die Wahrnehmung und Einschätzung der Kompetenzen des Teams. Hier sind wir recht nahe an dem Modell der Delegation, wie es Iris Boneberg im „Handbuch Angewandte Psychologie für Führungskräfte" beschreibt.

Die Entscheidung, Hierarchiestufen abzubauen, bedarf des Vertrauens

* In einem ersten Schritt wählt die „Führungskraft" eine delegierbare Aufgabe. Also eine Aufgabe, die dauerhaft oder temporär übertragen werden soll. Dieser Gedanke lässt sich leicht auch auf ein Team übertragen. Die zu lösende Aufgabe könnte auch ein Projektauftrag sein.
* In einem zweiten Schritt wird festgelegt, welche Kompetenzen fachlich zur Lösung der Aufgabe erforderlich sind.
* Im dritten Schritt überprüfen Sie, ob die Zusammensetzung des Teams fachlich den Kompetenzen entspricht, die Sie in Schritt zwei ermittelt haben.

- Entsprechen sich diese, gilt es, sich dem Faktor Zeit zuzuwenden. Die Lösung der Aufgabe erfordert einen Zeitrahmen und es muss allen Teilnehmern des Teams ausreichend Zeit zur Verfügung stehen, insbesondere dann, wenn sie in verschiedenen Projekten mitarbeiten oder auch während des Projektes anderen Kernaufgaben nachgehen müssen.
- Ist auch dies geklärt, erfolgt die Einschätzung der Selbststeuerungsfähigkeit des Teams.
- Fällt auch diese Einschätzung positiv aus, ist der Punkt erreicht, an dem es sich entscheidet, ob das Vertrauen stabil genug ist, um loszulassen.

Alle sechs Schritte sind als gleichwertig zu betrachten.

Denken Sie konkret darüber nach, welche Aufgaben Sie in Ihrem Umfeld delegieren könnten

Auch das konkrete Nachdenken über die Bereitschaft zu „echtem" Delegieren ist ein Hilfsmittel zur Selbstreflexion in Bezug auf die Einführung partizipativer Strukturen.

Zum Ende dieses Kapitels noch eine kleine Geschichte. *Ein König war auf der Suche nach einem Mann, der einen wichtigen Posten in seinem Reich besetzen sollte. Er rief weise und kräftige Männer zusammen und führte sie zu einer Tür mit einem riesigen Türschloss, wie es noch keiner von ihnen je gesehen hatte. „Wer von euch", fragte der König, „kann dieses Schloss öffnen?" Die weisen und kräftigen Männer betrachteten das Schloss, manche verneinten bereits beim ersten Anblick, andere näherten sich dem Schloss und begutachteten es aus der Nähe. Alle waren sich einig, dass dieses Schloss nicht zu öffnen sei. Nun löste sich ein Weiser aus der Menge, trat vor die Tür und zog beherzt daran. Die Tür, die nur angelehnt war, öffnete sich. Der Weise erhielt die Position und der König lobte ihn dafür, dass er sich nicht nur auf den Augenschein und die Äußerungen der anderen verlassen hatte, sondern es unter Einsatz seiner Kräfte selbst versucht hatte.*

Nur die eigene Überzeugung kann die Grundlage für laterales Führen sein. Dann gilt es, beherzt zu handeln, so wie es der Weise tat, als er aus der Menge trat und die Tür öffnete.

6.3 Ziele setzen – Ziele konkretisieren

Auf der Basis der eigenen Überzeugung gilt es, sich und anderen Ziele zu setzen. Dazu einige grundsätzliche Anregungen. Das Setzen von Zielen setzt ein Bemühen in Gang, diese zu erreichen. Die Arbeitspsychologen Locke und Latham weisen nach, dass Ziele möglichst hoch gesteckt sein und für den, der sie erreichen will oder soll, einen herausfordernden Charakter haben müssen. Außerdem sollten Ziele möglichst spezifisch formuliert sein, allgemeine Formulierungen wie: *„Sie müssen besser werden"* verfehlen die Absicht, durch Zielsetzungen Anreize zu geben.

Je stärker Ziele mit der eigenen Person verbunden sind, desto stärker ist ihr Einfluss auf die Motivation, sie auch zu erreichen. Es ist dann der eigene Wille, die eigene Bereitschaft zu einer hohen Eigendisziplin, der jemanden antreibt, der geradezu beseelt ist von der Idee, sein Ziel erreichen zu wollen.

Wir sprachen schon davon, welche Kräfte freigesetzt werden können, wenn Menschen eigene Ziele erreichen wollen. Denken Sie an die Leistungen, die Unternehmer erbringen, die sich weit über durchschnittliche Leistungen hinaus für ihr Unternehmen engagieren, denken Sie an Sportler, die sich selbst und nur durch eigenen Antrieb und eigene Zielsetzung zu Höchstleistungen motivieren. Denken wir aber auch an Situationen, in denen Menschen weit über ihre Kräfte hinaus Leistungen erbringen, die ihre körperlichen, geistigen oder auch seelischen Ressourcen überfordern. Gefangen in einem Tunnelblick, fokussiert auf das Erreichen ihres Ziels, übersehen sie die Warnsignale ihres Körpers und ihrer Umgebung und gefährden nachhaltig ihre Gesundheit.

Wenn Menschen eigene Ziele erreichen wollen, werden große Kräfte freigesetzt

Übertragen auf Unternehmen wäre die Idealform, dass unternehmerische Ziele und die persönlichen Ziele der Mitarbeiter deckungsgleich sind. Es läge in diesem Fall eine hohe intrinsische Motivation vor. Bestätigt hat sich auch, dass Ziele, die gemeinsam vereinbart wurden, deutlich wirksamer sind als extern vorgegebene Ziele.

Ideal ist, wenn unternehmerische Ziele und die persönlichen Ziele der Mitarbeiter deckungsgleich sind

FÜHRUNG AUF AUGENHÖHE SETZT AUF DAS WISSEN UM DIE WIRKSAMKEIT VON ZIELVORSTELLUNGEN UND DIE KRAFT GEMEINSAM VEREINBARTER ZIELE.

Entscheidend ist, dass Sinn und Nutzen von Zielen von allen Beteiligten erkannt werden. Voraussetzung dafür ist, dass die Beteiligten über alle relevanten Informationen verfügen. Es bedarf daher eines Austausches, einer grundsätzlichen Bereitschaft zur Kooperation, eines grundsätzlichen Interesses an der effizienten und effektiven Lösung von Aufgaben, sowie der Bereitschaft zur Partizipation auf der Grundlage gegenseitigen Vertrauens zur Vereinbarung gemeinsamer Ziele.

Nach Locke und Latham sind es die Faktoren „hoch" im Sinne von anspruchsvoll und „spezifisch", die eine hohe Bedeutung für die Motivation haben, Ziele zu erreichen.

6.3.1 SMARTe und komplexe Ziele

Noch präziser lässt sich dies mit der SMART-Formel darstellen. Ziele sollen sein:

S pecific (spezifisch)
M easurable (messbar)
A ttractive (attraktiv)
R ealistic (realistisch)
T erminated (terminiert)

Die SMART-Formel ist ein gängiges Hilfsmittel in Unternehmen, die mit Zielvorgaben im Sinne von Management by Objectives (MbO) arbeiten. Sie findet Einsatz in Zielvereinbarungsgesprächen, bei denen mit Mitarbeitern Ziele vereinbart werden, die spezifisch auf den Arbeitsplatz und die Person zugeschnitten sind. Wichtig sind objektive Kriterien, die gemeinsam definiert wurden und objektiv (im Sinne der vereinbarten Messkriterien) messbar sind und die einen attraktiven, motivierenden Charakter haben. Zugleich muss das Ziel realistisch aber auch anspruchsvoll sein. Wichtig ist auch die Festlegung eines eindeutigen, terminierten Zeitrahmens.

Ziele sollen zugleich realistisch und anspruchsvoll sein

Hinsichtlich des Kriteriums „spezifisch" stellt sich die Frage, ob dies angesichts der zunehmenden Komplexität von Aufgaben immer sinnvoll ist. Überträgt man das Modell beispielsweise auf die Vorgabe, mittels SMART-Kriterien die Kundenorientierung zu erhöhen, zeigen sich auch die Grenzen. Nehmen wir als Beispiel eine Kassiererin in einem Supermarkt. Im Bemühen, mittels Zielvorgaben die Kundenorientierung spezifisch und messbar zu erhöhen, könnte eine Zielformulierung in die Richtung gehen, dass die Kassiererin bei jedem Kunden einen bestimmten Blickkontakt mit definierter zeitlicher Dauer herzustellen hat. Dieser wäre zu begleiten durch eine Standardformulierung, die in der Ausformung der Tageszeit angepasst zu sein hat. Diese Anforderung führt möglicherweise eher zu Stress als zu einer Erhöhung der Kundenorientierung.

Gleichermaßen schwierig ist die Vereinbarung von Zielen bei so genannten weichen Faktoren, zum Beispiel bei dem Ziel, die kommunikative Beratungsqualität zu verbessern.

Was ebenfalls bei dem Verwenden der SMART-Kriterien Beachtung finden sollte, ist die Frage, ob das Kriterium der Attraktivität erfüllt ist. Ist jemand wirklich intrinsisch zur Zielerreichung motiviert oder lediglich durch externe Faktoren bestimmt? Werden Vorgaben gemacht und Ziele extern vorgegeben, geht die Aktivierung von externen Einflüssen aus. In diesem Fall durch die Zielvorgabe. Basiert eine Aktivierung auf inneren Wertvorstellungen, eigenen Werten, Überzeugungen und Gefühlen, sprechen wir von intrinsischer Motivation.

Geht es um das Thema Motivation, gehen wir häufig davon aus, dass wir es immer mit bewussten Entscheidungsprozessen zu tun haben. Nach dieser Vorstellung entscheiden wir anhand rationaler Überlegungen und führen dann, in einem quasi zweiten Schritt, unsere Handlungen aus. Dies gilt aber nur zum Teil, denn motivationale Entscheidungen und Prozesse sprechen auch Vorgänge an, die uns nicht bewusst sind.

Motivation beruht nicht nur auf bewussten Entscheidungsprozessen

Bei komplexen Motiven, mit für uns sehr großer persönlicher und emotionaler Tragweite, kommt das sog. Extensionsgedächtnis ins Spiel. Dieses Gedächtnis repräsentiert die Summe unserer Erfahrungen, Motive, Normen, Werte, aktuellen Befindlichkeiten usw. Es reagiert unmittelbar in Bruchteilen von Sekunden. Es kennt keine Logik und auch keine spezifischen, konkreten Ziele. Während wir uns rational mit Zielen beschäftigen, erfolgt zeitgleich immer auch eine Bewertung durch das Extensionsgedächtnis. In der einfachsten Form besteht diese Reaktion aus „gut" oder „schlecht" im Sinne der archaischen Reaktionen von Flucht oder Angriff.

Wird das Extensionsgedächtnis nicht positiv aktiviert, handeln wir primär auf der Basis von bewussten Entscheidungen. Emotional sind wir nicht angesprochen, aber unsere Ratio weiß, dass wir etwas tun wollen oder müssen. Wir erledigen dann eher eine Aufgabe. Das ist ein Weg, der kurzfristig hilfreich ist, langfristig aber zu intrapsychischen Konflikten führen kann, denn wer nur auf rein rationaler Basis handelt und keine übergeordneten und emotional besetzten Ziele verfolgt, bekommt letztlich Sinnprobleme.

Langfristig motivieren nur übergeordnete und emotional besetzte Ziele, die nicht rational „abgearbeitet" werden

Um dem entgegenzuwirken, bedarf es einer positiven Ansprache des Extensionsgedächtnisses. Der Zugang ist möglich über eine nonverbale Bildsprache. Gelingt es, Ziele in ausdrucksstarke Bilder zu übersetzen, die positive Gefühle auslösen, wächst der Anteil intrinsischer Motivation.

SMARTe Zielvereinbarungen mögen daher bei einfachen Aufgaben stimmig sein. Vorrangig bei komplexen Aufgaben ist aber die innere, emotionale Einstellung und Überzeugung. Erst auf dieser Grundlage sind nachgeordnete SMARTe Zielvorgaben sinnvoll.

Starke und verbindende Ziele im Sinne einer inneren Haltung, die die Beteiligten auch persönlich und emotional berühren

Gerade beim Führen auf Augenhöhe spielen starke und verbindende Ziele im Sinne einer inneren Haltung und Überzeugung eine große Rolle, die die Beteiligten auch persönlich und emotional berühren. Solche Ziele sind wichtige Triebfedern. Formulieren Sie für sich starke Bilder für Ihre Ziele.

6.3.2 Balanced Scorecard

Hier noch ein Hinweis auf die Parallelen zum Konzept der Balanced Scorecard nach Robert S. Kaplan und David P. Norton. Bei der Balanced Scorecard spielen die Fokussierung auf den Kunden und die aktive Einbindung aller Mitarbeiter eine zentrale Rolle. Ein wesentliches Ziel ist die Ausrichtung aller Ziele auf die Gesamtstrategie des Unternehmens. Ausgangspunkt ist eine Vision, für die es gilt, alle Mitarbeiter zu begeistern. Diese Vision besteht in starken Bildern, die nicht nur papiernen Charakter haben dürfen, sondern erlebbar und erfahrbar sind. Gemeinsam wird aus der Vision eine Unternehmensstrategie mit den wesentlichen Unternehmenszielen. Diese muss für Mitarbeiter begreifbar und verstehbar sein. Aus diesen Zielen ergeben sich dann kaskadenförmig die Ziele für die Abteilungen, Teams und Mitarbeiter.

Ausrichtung aller Ziele auf die Gesamtstrategie des Unternehmens auf der Basis einer Vision

6.3.3 Disney Strategie

Bei der Beschäftigung mit Zielen und Strategien hat sich der Einsatz der Disney Strategie bewährt: eine Idee von Robert Dilts, unter Bezugnahme auf eine Technik von Walt Disney. Es geht um die Betrachtung einer Idee, eines Ziels, aus drei unterschiedlichen Perspektiven. Üblicherweise vermengen sich die unterschiedlichsten Perspektiven, wenn wir über eine Idee oder eine Zielsetzung nachdenken. Dies führt dazu, dass wir immer wieder neu beginnen, was Zeit und Energie kostet. Bei der Disney Strategie werden die drei Perspektiven des Träumers, des Realisten und des Kritikers bewusst getrennt.

Betrachtung einer Idee oder eines Ziels aus drei unterschiedlichen Perspektiven

Nehmen Sie bei der jeweiligen Betrachtung auch tatsächlich eine andere Position im Raum ein.

- Beginnen Sie dann mit der Betrachtung aus der Sicht und Position des Träumers. Lassen Sie Ihren Gedanken freien Lauf und beantworten Sie sich die Fragen: Was will ich erreichen? Was ist möglich? Was erhalte ich am Ende? Wie wird es mir gehen, wenn es mir gelingt? Wer wird mich unterstützen? Welche ersten Schritte sind nötig?

  Sicht und Position des Träumers

  Beobachten Sie sich selbst in der Position des Träumers und versuchen Sie, auch körperlich eine Position einzunehmen, die Ihnen Kreativität erlaubt.

- Im Anschluss verlassen Sie diese Position. Lassen Sie das Ergebnis wirken und gehen Sie nach einer „Auszeit" in die Position des Realisten und betrachten Sie die Idee aus der Perspektive eines realistischen Betrachters. Es geht um eine nüchterne und sachliche Beurteilung und die Frage, wie sich die Idee umsetzen lässt.

  Sicht und Position des Realisten

  Hilfestellung kann Ihnen die Beantwortung folgender Fragen bieten: Was werde ich konkret tun, um die Idee zu verwirklichen, das Ziel zu erreichen? Woran kann ich erkennen, dass die Idee verwirklicht wurde? Welche Erfolgskriterien gibt es? Wie werden sie überprüft? Haben Sie diese Fragen beantwortet, verlassen Sie diese Position. Auch nun sollten Sie sich wieder eine „Auszeit" nehmen.

- Dann gehen Sie, unter erneuter Veränderung ihrer räumlichen Position in die dritte Perspektive, die des Kritikers. Der Kritiker betrachtet die Idee / das Ziel aus einer Position des Bewahrens. Sein Ziel ist es, Enttäuschungen zu vermeiden und alles kritisch zu hinterfragen. Was an der Idee ist nicht gut, was am Vergangen sollte/muss erhalten bleiben?

  Sicht und Position des Kritikers

  Folgende Fragen können in dieser Perspektive hilfreich sein: Warum mache(n) ich/wir das? Wann wird die Idee nicht gelingen? Was sind positive Dinge, die erhalten bleiben sollten? Wie kann dies geschehen?

6.4 Wertschätzung und Toleranz in Beziehungen

Führen auf Augenhöhe bedarf des Aufbaus guter und stabiler Beziehungen. Weniger des Selbstzwecks wegen, sondern im Sinne der Kooperationsfähigkeit und zur effektiven und effizienten und gemeinsamen Lösung von Aufgaben und Heraus-

Führen auf Augenhöhe bedarf des Aufbaus guter und stabiler Beziehungen

forderungen auf der Basis von Gemeinsamkeit und Vertrauen. Es geht nicht um Techniken der gezielten Einflussnahme, sondern um den Aufbau von Beziehungen in Gruppen und die Gestaltung eines produktiven Arbeitsklimas.

Typische arbeitsbezogene Situationen in diesem thematischen Zusammenhang sind Routinebesprechungen, Team- oder Gruppensitzungen, Meetings und Workshops.

Typische Ziele solcher Besprechungen sind (hier am Beispiel von Routinebesprechungen):

- Austausch von Informationen
- Besprechung und Abstimmung gemeinsamer Vorgehensweisen
- Klärung, Abstimmung und Formulierung von Zielen
- Besprechung und Analyse aktueller Situationen
- Finden von Lösungen für Probleme
- Einbringen neuer Ideen
- Kenntnisnahme von neuen Vorgaben und/oder auch Anordnungen von „oben"
- Diskussionen zu unterschiedlichen Sichtweisen
- Verbesserung der Beziehungen unter den Teilnehmern
- Motivation
- Bewältigung von Konflikten

Grundsätzlich bietet die Arbeit in Gruppen Vorteile. Sie gilt gegenüber Einzelleistungen als produktiver und hat ein höheres Potenzial an Lösungsmöglichkeiten. Aufgaben und Arbeiten lassen sich schneller und spontaner aufteilen. Es steht mehr Wissen zur Verfügung und der Zugang zu Wissensquellen ist deutlich größer, gerade auch wenn man an die zusätzlichen Netzwerke der Gruppenmitglieder denkt. Gruppen eröffnen gegenseitige Lernmöglichkeiten und die Arbeit in Gruppen macht mehr Spaß und trägt zur Motivation bei. Und das ist nur ein kleiner Ausschnitt der Vorteile.

Die Bewertung des Gruppengefühls ist nicht gleichzusetzen mit der Leistungsfähigkeit einer Gruppe

Andererseits muss gesehen werden, dass die „Gefahr" besteht, dass ein von allen als sehr positiv erlebtes Gruppenklima auch zu einer Verengung des Blickwinkels führen kann. Die Bewertung des Gruppengefühls ist nicht gleichzusetzen mit der Leistungsfähigkeit einer Gruppe.

6.4.1 Moderation als Methode der Wahl lateralen Führens

Für die Zusammenarbeit in Gruppen ist die Moderation eine der wirksamsten Techniken der Steuerung. Der Moderationsansatz entspricht auch inhaltlich am ehesten der Idee des lateralen Führens. Eines vorweg: Moderation ist eine anspruchsvolle Aufgabe, die eine exzellente Wahrnehmungsfähigkeit voraussetzt und ein breites Repertoire an Werkzeugen zur Unterstützung der Gruppenarbeit. Ein Moderator hat die Aufgabe, alle Teilnehmer aktiv und zielorientiert in den Gruppenprozess einzubinden. Er schafft einen Kommunikationsraum, in dem alle Teilnehmer die Möglichkeit haben, Wissen und Kenntnisse einzubringen, auszutauschen und zu einer gemeinsamen, möglichst konsensualen Lösung zu finden.

Der Moderationsansatz entspricht inhaltlich am ehesten der Idee des lateralen Führens

In der Regel durchläuft ein Moderationsprozess die folgenden Phasen:

Phasen des Moderationsprozesses

- Begrüßung (warm-up)
- Zielbildung
- Darstellung und Strukturierung des Problems
- Zusammentragen von Informationen
- Suche/Generierung von Lösungsvorschlägen
- Bewertung der Lösungen / Treffen von Entscheidungen
- Abschluss/Feedback

In Anlehnung an Hartmann et al. (Hartmann 2000) skizzieren wir zehn Aufgaben eines Moderators:

Zehn Aufgaben eines Moderators

- Ein Moderator muss seine eigenen Ziele und Wertungen zurückstellen. Weder die Meinungsäußerungen noch Verhaltensweisen von Gruppenteilnehmern dürfen bewertet werden. Alle inhaltlichen Aussagen stehen gleichwertig nebeneinander, es obliegt ihm nicht, diese in die Kategorien richtig oder falsch einzuordnen.

Die eigenen Ziele und Wertungen zurückstellen

- Ein Moderator muss allen Teilnehmern die gleiche Wertschätzung entgegenbringen. Kommt es zu Konflikten, muss sich ein Moderator neutral verhalten.

Allen Teilnehmern die gleiche Wertschätzung entgegenbringen

- Der Moderator sorgt für einen offenen Kommunikationsraum, der es allen Beteiligten ermöglicht, die eigenen Meinungen und Ansichten zu äußern. Besonderes Augenmerk ist auf Teilnehmer zu richten, die eher schweigsam oder ruhig sind. Moderation versucht, diese aktiv einzubinden.

Für einen offenen Kommunikationsraum sorgen

- Der Moderator fokussiert das Ziel und richtet Aktivitäten auf die Erreichung des Ziels aus. Weicht die Gruppe ab, ist es Aufgabe des Moderators, die Gruppe darauf hinzuweisen und Kurskorrekturen zu ermöglichen.

Alle Aktivitäten auf die Erreichung des Ziels ausrichten

Regeln für den Umgang der Teilnehmer untereinander vereinbaren

- Der Moderator regt im Hinblick auf eine effiziente Zusammenarbeit an, Regeln für den Umgang der Teilnehmer untereinander zu vereinbaren. Einigt sich die Gruppe auf Regeln, ist es seine Aufgabe, bei Abweichungen darauf hinzuweisen und deren Einhaltung einzufordern.

Verhaltensweisen in der Gruppe deutlich werden lassen

- Ein Moderator versucht, Verhaltensweisen in der Gruppe deutlich werden zu lassen. Insbesondere bei Störungen und Konflikten gilt es, mögliche Zusammenhänge zu erkennen, um damit Reflexion, Zuordnung und Umgang zu ermöglichen.

Durch Fragen steuern und aktivieren

- Ein Moderator aktiviert und „steuert" durch Fragen. Er regt die Teilnehmer zu einem aktiven Gedankenaustausch an.

Den Austausch zwischen den Teilnehmern fördern

- Ein Moderator greift ein, wenn es der Gruppenprozess erfordert. Er hält sich zurück und spricht selbst wenig, versucht vielmehr, den Austausch der Teilnehmer in Hinblick auf deren unterschiedliche Kompetenzen zu fördern.

Inhalte und Ergebnisse zusammen fassen

- Ein Moderator fasst Inhalte, Äußerungen, Ergebnisse immer wieder zusammen, wenn dies im Zusammenhang mit dem Arbeitsprozess zielführend ist.

Arbeitsschritte, Informationen und Ergebnisse visualisieren

- Ein Moderator visualisiert und sorgt so für das Sichtbarwerden von Arbeitsschritten, Informationen und Arbeitsergebnissen.

Es gibt eine ganze Reihe von Hilfsmitteln, die ein Moderator als Übungen oder Arbeitstechniken in Abhängigkeit von der Arbeitsphase oder Situation einsetzen kann. Wir verzichten aber an dieser Stelle auf eine differenzierte Darstellung, da es umfangreiche Literatur zu diesem Thema gibt.

Grundsätze der Moderation

Folgende Grundsätze sollten Beachtung finden: Gruppensitzungen sollten nicht länger als 90 bis 120 Minuten dauern. Es ist angebracht, Team-und Gruppensitzungen zu moderieren und für eine klare Struktur zu sorgen. Die Rolle des Moderators kann rotieren, dabei sollten die Anforderungen beachtet werden. Die Qualität des Ergebnisses moderierter Gruppen korrespondiert mit der Qualität der Teilnehmerbeiträge, mit der Unabhängigkeit, unter der sie entstanden sind, und ihrer Verständlichkeit. Teilnehmer sollten in der Eingangssituation ungestört und unbeeinflusst von anderen Gruppenmitgliedern ihre eigenen Ideen und Gedanken darstellen. Die favorisierte Form ist die Schriftform. Alle Beiträge sollten im Raum sichtbar visualisiert werden, um sie für alle gegenwärtig und im Blickwinkel zu haben. Die Visualisierung entlastet die Teilnehmer. Zum besseren Verständnis sollten die Darstellungen durch den Urheber erläutert werden.

Ein besonderes Augenmerk möchten wir in diesem Kapitel noch auf die Notwendigkeit lenken, auf die sozial-emotionalen Faktoren der Zusammenarbeit in Gruppen einzugehen – und dies nicht nur vor dem Hintergrund, dass Gruppen zunehmend multikulturell zusammengesetzt sind. Prozesse auf der sozial-emotionalen Ebene können Auswirkungen auf die Zusammenarbeit haben, die wahrgenommen und beachtet werden sollten, wenn es darum geht, die Zusammenarbeit durch laterales Führen zu verbessern.

Anschließend beschreiben wir das Modell der Themenzentrierten Interaktion, das nachdenkenswerte Anregungen für eine Zusammenarbeit in Gruppen gibt, weil hier viele der zuvor genannten Aspekte der Moderation praktische Anwendung finden.

6.4.2 Psychosoziale Faktoren in der Zusammenarbeit in Gruppen

Kommen Menschen in Gruppen zusammen, geschieht mehr als der Austausch von Sachinformationen. In jeder Situation bringen Menschen mehr oder weniger und in Abhängigkeit von vielen Faktoren, ihre Eigenschaften, Haltungen, Befindlichkeiten, Werte, ihre gefühlsmäßige Verfassung etc. ein.

Wenn Menschen in Gruppen zusammenkommen, geschieht mehr als der Austausch von Sachinformationen

Das sog. Eisbergmodell stellt diesen Sachverhalt anschaulich dar. Ein Eisberg ragt nur zu etwa einem Siebtel aus dem Wasser heraus, sechs Siebtel bleiben unterhalb der Wasseroberfläche verborgen und stellen damit für Schiffe eine Gefahr dar. Übertragen auf Kommunikationssituationen in Gruppen bedeutet dies, dass wir im oberen Teil alles finden, was sich auf der Ebene des Faktischen beschreiben lässt. Dies umfasst Zeit, Ort, Inhalte, Ziele, Vorgaben, Arbeitsmittel, Personen und ausgewiesene Qualifikation usw. Im unteren Teil finden wir dagegen all das, was wir zunächst nicht wahrnehmen können: die Befindlichkeiten der Teilnehmer, ihre momentane gefühlsmäßige Verfassung, ihr Verhältnis zu anderen Teilnehmern, wie Sympathie oder Antipathie, ihre Ängste und Befürchtungen, ihre Erfahrungen mit Gruppen, ihr Bedürfnis nach Selbst-

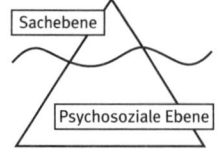

Unter der Sachebene liegt die Ebene psychosozialer Prozesse

Im Rahmen hierarchischer Strukturen erfahren Prozesse auf der psychosozialen Ebene in der Regel wenig Beachtung

darstellung usw. Zusammengefasst repräsentiert der untere Teil die Zustände der einzelnen Teilnehmer und die psychosozialen Beziehungen der Teilnehmer untereinander und zur moderierenden oder leitenden Person.

Zwischen beiden Ebenen bestehen stetige Wechselwirkungen. Die Äußerung eines Teilnehmers, eine Bewegung, ein Mienenspiel, können Prozesse anstoßen, die sich auf der psychosozialen Ebene entfalten und immer die Gefahr einer Eskalation in sich tragen.

Sich mit diesen komplexen Zusammenhängen zu beschäftigen und sie in den Mittelpunkt jeder Arbeit in Gruppen zu stellen, kann nun nicht Aufgabe einer Organisation sein, deren Ziel primär darin besteht, auf einer Sachebene Lösungen zu erarbeiten, die ihren wirtschaftlichen Fortbestand sichern.

Dennoch gilt es, Lösungen zu finden, gerade, wenn es um Führen auf Augenhöhe geht. In einer hierarchischen Führungssituation steuert die Führungskraft aufgrund ihrer Machtressourcen den Prozess der Erarbeitung von Sachergebnissen. Immer laufen dabei auch die angedeuteten psychosozialen Prozesse ab und lassen sich nicht einfach „abschalten". Auch wenn dem keine besondere Beachtung geschenkt wird, funktioniert die Kommunikation vermutlich in vielen Fällen gut oder mindestens ausreichend, solange sich Teilnehmer ausreichend arrangieren können und angestoßene Prozesse auf der psychosozialen Ebene sie nicht nachhaltig beschäftigen.

Was aber, wenn dieser Punkt überschritten wird und auf „offizieller" Ebene keine Möglichkeiten einer korrigierenden Einflussnahme gegeben sind? Es kann dann zu Entwicklungen kommen, die sich kontraproduktiv auf viele Bereiche auswirken können. Störungen, Unzufriedenheit, Misstrauen, Stress, Krankheit, Rückzug, Aufbau von Gegenwehr, Arbeit nach Vorschrift sind extreme, aber vorstellbare und vor allem kontraproduktive und unternehmensgefährdende Reaktionen.

Basis der Zusammenarbeit ist immer die Sachebene, der Austausch unter Experten, die zusammenkommen, um an unterschiedlichsten Themen und der Lösung unterschiedlichster Aufgaben zu arbeiten.

Doch es begegnen sich in Teams nicht nur Menschen als Experten, sondern die Experten sind eben auch Menschen mit den unterschiedlichsten Wertvorstellungen und Persönlichkeiten.

FÜHREN AUF AUGENHÖHE SETZT DAHER AUF EINE AUSGE-
WOGENE BALANCE ZWISCHEN DER SACHEBENE UND DER
EBENE PSYCHOSOZIALER PROZESSE.

Wichtige Einflussgrößen auf der psychosozialen Ebene sind
die unterschiedlichen Wertorientierungen und Charakterdispositionen der einzelnen Gruppenmitglieder.

6.4.2.1 UNTERSCHIEDLICHE WERTORIENTIERUNGEN

Ein gutes Beispiel für das Bemühen, die aus unterschiedlichen
Wertvorstellungen erwachsenen Probleme in den Griff zu bekommen, aber auch die daraus erwachsenen Chancen zu nutzen, ist das Diversity Management, also der Umgang mit sozialer und ethnischer Vielfalt.

Bemühen, die aus unter-
schiedlichen Wertvorstel-
lungen erwachsenen
Chancen zu nutzen

Viele Gruppen und Teams sind interkulturell besetzt. Da gerade hier besonders deutlich wird, welchen Einfluss unterschiedliche Weltsichten und Wertvorstellungen auf den Erfolg
oder Misserfolg von Zusammenarbeit haben können, wollen
wir hier ansetzen.

Die Auseinandersetzung mit der Haltung und den Wertvorstellungen anderer Kulturen erfordert immer auch eine Auseinandersetzung mit der eigenen kulturell geprägten Wahrnehmung. *„Will man in interkultureller Kommunikation erfolgreich*
sein, muss man lernen, seine eigenen Erwartungen, Verhal-
tensweisen, Werte, Normen, Einstellungen usw. zu relativie-
ren, d.h., sie im Rahmen des eigenen soziokulturellen Bereichs
zu verstehen und sie nicht als allgemein gültige Maßstäbe zu
nehmen." (Kessel, 2000)

Ein schier unerschöpfliches Thema, das aber aus unserer
Sicht an Bedeutung gewinnt und auch im Hinblick auf unser
Thema ein weiteres Puzzlestück darstellt. Zudem lässt sich
dieses Thema durchaus ausweiten. Es unterscheiden sich
Menschen nicht nur nach ihrer kulturellen Herkunft, sondern
auch innerhalb ihrer Kulturen durch unterschiedliche Wertvorstellungen.

In der Gegenüberstellung grundlegender asiatischer und
westlicher Wertvorstellungen wird besonders plastisch, wie
unterschiedlich Herangehensweisen und Problemlösungs-
strategien aussehen können. Blockt man hier nicht ab, sondern lässt sich auf die ungewohnte Sicht der Dinge ein, fördert

Beispiel der Gegenüber-
stellung grundlegender
asiatischer und westli-
cher Wertvorstellungen

das nicht nur das gegenseitige Verständnis und die Zusammenarbeit, sondern erschließt auch große Synergiepotenziale und Innovationsmöglichkeiten.

- BEZIEHUNGSORIENTIERUNG GEGENÜBER SACHORIENTIERUNG: Während in unserer Kultur Themen eher schnell auf einer sachorientierten Ebene angesprochen werden, um dann nach gemeinsamen Lösungen zu suchen, wird ein asiatischer Gesprächspartner erst die Beziehungsebene prüfen, um herauszufinden, inwieweit er seinem Gegenüber vertrauen kann. Erst wenn eine tragfähige emotionale Grundlage vorhanden ist, kommt es zur sachbezogenen Besprechung. Bei Vereinbarungen sind persönliche Verpflichtungen ausschlaggebend, es zählen das Wort und die Beziehung. Besteht eine vertrauensvolle Beziehung, hat diese einen sehr hohen Stellenwert und gewährt häufig mehr Schutz und Planungssicherheit als ein formeller Vertrag.

Erst wenn eine tragfähige emotionale Grundlage vorhanden ist, werden Sachthemen angegangen

- GRUPPENORIENTIERUNG GEGENÜBER INDIVIDUALISMUS: Gruppenorientierung steht für eine enge Bindung an die eigene Bezugsgruppe. Die Interessen des Einzelnen sind dem Gemeinwohl der Gruppe untergeordnet. Es ist Aufgabe aller Teilnehmer der Gruppe, diese gegen externe Einflüsse zu schützen. Der westliche Anspruch nach Selbstverwirklichung widerspricht den Interessen der Gruppenorientierung. Im Gegenzug bietet die Gruppe ihren Mitgliedern Schutz und Sicherheit. Gruppenorientierung entspricht nicht automatisch der Fähigkeit zur Teamfähigkeit, da diese in Bezug auf die Kommunikation der Mitglieder untereinander einen offenen Umgang erfordert. *„Gruppenorientierte Personen werden versuchen, möglichst nicht offen mit der Meinung oder den Interessen ihrer Gruppe zu kollidieren."* (Kessel, 2000)

Die Interessen des Einzelnen sind dem Gemeinwohl der Gruppe untergeordnet

- HIERARCHIEDENKEN GEGENÜBER KOMPETENZDENKEN: südostasiatische Gesellschaften leben, trotz aller Veränderungen und Umbrüche, in stabilen und funktionstüchtigen Gruppen. Da Konflikte das harmonische Gemeinschaftsgefühl und damit die Stabilität von Gruppen gefährden, gilt es, sie aus der Sicht aller Beteiligten zu vermeiden. Die klare hierarchische Struktur innerhalb der Gruppen sorgt für eine eindeutige Rollenverteilung und gewährt den Ranghöheren ein hohes Ansehen, das nicht infrage gestellt wird. Dies setzt selbstverständlich voraus, dass alle Beteiligten

Die klare hierarchische Struktur innerhalb der Gruppen sorgt für eine eindeutige Rollenverteilung

und insbesondere die Mitglieder am unteren Ende der Hierarchie das System und die Verteilung akzeptieren.

- HARMONIESTREBEN GEGENÜBER PROBLEMBEWÄLTIGUNG: Das Streben nach Harmonie – und sei sie auch nur oberflächlicher Natur – ist eine Eigenschaft südostasiatischer Kulturen. Gefühle werden viel stärker kontrolliert und Gefühlsausbrüche sind ein Tabu. Von daher fällt es westlichen Menschen in Gesprächen angesichts der asiatischen Fähigkeit, Mimik und Gestik zu beherrschen, schwer, die Gefühle des Gegenübers einzuschätzen. Lächeln – für Westeuropäer eher ein Ausdruck von Freude, Sympathie oder Heiterkeit, kennt in Südostasien eine Vielzahl von Variationen und kann sehr Unterschiedliches bedeuten. Neben Freude und Heiterkeit kann es Unsicherheit ausdrücken oder bedeuten, dass die lächelnde Person Unsicherheit überspielt, oder es dient zur Vermeidung von Konflikten. „Das Gesicht zu wahren" ist eine wichtige Eigenschaft im Streben nach Harmonie. Man gibt dem Zuhörer ein Gesicht, wenn man ihm Ansehen oder Würde zuspricht oder ihn entsprechend behandelt. Dies geschieht durch das Aussprechen von Lob und Anerkennung, die Betonung von Titeln oder durch Gesten besonderer Höflichkeit. Umgekehrt riskiert jemand, der sich provozieren lässt, sein Gesicht, wenn er die Kontrolle über seine Gefühle verliert und aufbraust.

    „Das Gesicht zu wahren" ist eine wichtige Eigenschaft im Streben nach Harmonie

- INDIREKTE KOMMUNIKATION GEGENÜBER DIREKTER KOMMUNIKATION: Bei der direkten Kommunikation ist es Aufgabe des Senders der Information, dafür zu sorgen, dass der Empfänger die Botschaft versteht. Anders bei der südostasiatischen eher indirekten Kommunikation, bei der sich Sender und Empfänger hinsichtlich des Verstehens langsam aneinander herantasten. Bei der indirekten Kommunikation geht es vorrangig um die Pflege der Beziehung. Beide Gesprächspartner achten auf die Beziehung zueinander durch den gegenseitigen Austausch von Anerkennung und Lob. Es ist ein eher behutsamer Umgang von beiden Seiten. Man spricht gewissermaßen „durch die Blume". Direkt zur Sache zu kommen, gilt als unhöflich.

    Sender und Empfänger tasten sich langsam aneinander heran

- KONFLIKTVERMEIDUNG GEGENÜBER STREITKULTUR: Innerhalb einer Gruppe werden Konflikte vermieden. Im Gegensatz zu westlicher Art, Individualität auch in der Durchsetzung eigener Interessen zu suchen, vermeidet der Einzelne das

Ein Konflikt stellt eine Be-
drohung dar, der die Be-
ziehung der Beteiligten
zueinander gefährdet

Durchsetzen eigener Interessen, um damit die Harmonie in der Gruppe nicht zu gefährden. Ein Konflikt stellt eine Bedrohung dar, der die Beziehung der Beteiligten zueinander gefährdet. Selbst (aus westlicher Perspektive) scheinbar kleine Streitigkeiten können bereits als Konflikt bewertet werden, die Freude an der Austragung von Konflikten ist fremd. Besonderes Augenmerk liegt auf einer öffentlichen Austragung von Konflikten. Im Hinblick darauf, dass Konflikte heftige Gefühle auslösen können, gehen sie immer einher mit einer Bedrohung durch Gefühlsausbrüche und damit mit der Gefahr, das Gesicht zu verlieren. Sind Konflikte nicht diskret zu lösen, suchen die Beteiligten Rat und Unterstützung bei einer hierarchisch höher gestellten Person, die beiden Kontrahenten wohl gesinnt ist.

- HOLISTISCHES DENKEN GEGENÜBER LINEAREM DENKEN: Westliche Kulturen neigen zu linearen Denken, das auf logischen Zusammenhängen aufbaut. Die Argumentation folgt schlüssigen Prinzipien und Gesetzmäßigkeiten in einer logischen Abfolge. Was zählt, sind „objektive" Fakten, klare Sachverhalte. Anders das „ganzheitliche" oder holistische Denken: Statt Fakten zieht man Gleichnisse heran und ergänzend zur Logik fließen subjektive, lebenspraktische Erfahrungen, Details, Fassetten der Wahrnehmung und Befindlichkeiten ein. In Form von Bildern und Gleichnissen haben eigene Erfahrungen einen hohen Stellenwert.

Statt Fakten zieht man
Gleichnisse und subjekti-
ve, lebenspraktische
Erfahrungen heran

In „Zen Buddhismus und Psychoanalyse" (Fromm, 1972) stellt D.T. Suzuki eine Sentenz des japanischen Dichters Basho (1644 – 1694) ein Gedicht des britischen Dichters Tennyson (1809 – 1892) gegenüber. Beide Gedichte beziehen sich auf eine vergleichbare Situation, illustrieren aber anschaulich die Unterschiedlichkeit der Annäherung und Betrachtung:

„Wenn ich aufmerksam schaue, seh ich die Nazuna an der Hecke blühen." Basho

„Blume in der geborstenen Mauer, ich pflücke dich aus den Mauerritzen, mitsamt den Wurzeln halte ich dich in der Hand, kleine Blume – doch wenn ich verstehen könnte, was du mitsamt den Wurzeln und alles in allem bist, wüsste ich, was Gott und Mensch ist." Tennyson

- POLYCHRONES ZEITVERSTÄNDNIS GEGENÜBER MONOCHRONEM ZEITVERSTÄNDNIS: Während unser monochrones Zeitverständnis für eine klare zeitliche Abfolge steht, in der Aufgaben bearbeitet und abgearbeitet werden, lässt das polychrone Zeitverständnis mehr Raum für situative Geschehnisse. Zeit wird nicht so sehr unter ökonomisch, effizienten Gesichtspunkten wahrgenommen und bewertet. Unterbrechungen durch Menschen sind in diesem Sinne keine Störungen, sondern sie verschieben lediglich die Priorität. Jemanden mit dem Hinweis abzuweisen, man hätte gerade keine Zeit, wäre grob unhöflich. Begegnungen und Unterbrechungen bieten Chancen und diese gilt es, schnell und möglichst flexibel zu nutzen.

Begegnungen und Unterbrechungen bieten Chancen und diese gilt es, schnell und möglichst flexibel zu nutzen

Die Gegenüberstellung zeigt, wie kulturelle Wertvorstellungen Einfluss auf das Verhalten nehmen können. Natürlich fördert der Vergleich zwischen Asien und Westen gravierende Unterschiede zu Tage, aber selbst innerhalb Deutschlands werden Sie regional prägende Unterschiede finden, die Einfluss nehmen auf das Verhalten von Menschen, und von daher auf die Zusammenarbeit mit anderen. Es sind aber auch die unterschiedlichen im Rahmen von Sozialisation und biografischen Etappen erworbenen Wertvorstellungen oder die erlebten unterschiedlichen Werte und Normen verschiedener Unternehmenskulturen.

Das Wissen darum, dass Wertorientierungen Verhalten mitprägen, ist für den Moderator ein wichtiger Aspekt, gerade dann, wenn es um den Aufbau von Beziehungen geht oder auch im Falle kontroverser Auseinandersetzungen.

6.4.2.2 UNTERSCHIEDLICHE CHARAKTERDISPOSITIONEN – DIE BIG FIVE

Neben unterschiedlichen Wertvorstellungen muss der Moderator natürlich auch mit verschiedenen Persönlichkeiten und deren spezifischer Charakterdisposition umgehen. Er muss die unterschiedlichen Charaktertypen sensibel wahrnehmen, um auf die Teilnehmer individuell eingehen zu können. Ein in der Praxis bewährtes Hilfsmittel dazu stellt das Modell der sog. BIG FIVE dar.

Der römische Arzt Galen, 145 – 199 n. Chr., prägte die klassische Vorstellung von den vier Temperamenten, nach der Wesen und Emotionalität auf die individuelle Mischung von Körpersäften zurückzuführen sind.

Von den vier Temperamenten zu den Big Five

93

Sanguiniker sind rasch und leicht erregt

- Dominiert das Blut, spricht Galen vom Sanguiniker. Eine Persönlichkeit, die rasch und leicht erregt ist, sich zumeist aber in einer positiven und lebensbejahenden Grundstimmung befindet.

Phlegmatiker sind gelassen und träge

- Dominiert der Schleim, spricht Galen vom Phlegmatiker, eine Persönlichkeit, die gelassen und träge reagiert. Der Phlegmatiker verharrt gerne in Untätigkeit, dabei oft in einer guten Laune.

Choleriker sind aufbrausend, spontan und aktiv

- Der Dominanz der gelben Galle entspricht der Choleriker. Choleriker sind aufbrausend und sehr empfindlich, dabei spontan und aktiv und bereit, Risiken einzugehen.

Melancholiker reagieren langsam und eher schwach

- Beim Melancholiker dominiert die schwarze Galle. Melancholiker reagieren langsam und eher schwach. Sie sind häufig missgestimmt und eher pessimistisch, neigen zu einer eher sorgenvollen Betrachtung und Schwermut.

Hans Jürgen Eysenck griff die Vorstellung der vier Temperamente auf und brachte sie in den Zusammenhang mit Extraversion und Neurotizismus. Der Grad an Neurotizismus besagt etwas über die Widerstandskraft von Menschen gegenüber externen Einflüssen, ob jemand also stabil oder labil auf äußere Reize reagiert. Nach Eysenck lässt sich eine Person beschreiben zwischen den Polen Extraversion und Introversion und zwischen den Polen Stabilität und Labilität. Aus der Kombination dieser Merkmale ergeben sich die vier Temperamente:

- labil – extravertiert = cholerisch
- labil – introvertiert = melancholisch
- stabil – extravertiert = sanguinisch
- stabil – introvertiert = phlegmatisch

Es entstand eine Vielzahl von Persönlichkeitsmodellen und so auch in den Fünfzigerjahren das Modell der Big Five. Auf der Grundlage der Untersuchung von persönlichkeitsbeschreibenden Worten stießen die Psychologen der US Airforce Ernest Types und Raymond Christal auf fünf grundlegende Ei-

Fünf grundlegende Eigenschaftsdimensionen

genschaftsdimensionen: Begeisterungsfähigkeit (Extraversion), Verträglichkeit, Zuverlässigkeit (Gewissenhaftigkeit), emotionale Stabilität (Neurotizismus) und Kultur (Offenheit für neue Erfahrungen).

Das Modell der fünf Persönlichkeitsfaktoren hat sich bis heute in vielen Untersuchungen bestätigt und erfährt weltweit eine hohe Akzeptanz. Unterschieden werden die fünf Dimensionen mit jeweils sechs Fassetten.

Wir erläutern im Folgenden in Kurzform die fünf Dimensionen, wobei wir uns auf jeweils einen Pol beziehen. Wir beschreiben also das Merkmal der Extraversion, verzichten aber auf die Beschreibung des Gegenpols der Introversion, da wir davon ausgehen, dass sich die Merkmale des jeweiligen Gegenpols selbsterklärend ergeben.

- NEUROTIZISMUS: Menschen mit einer hohen Ausprägung kommen mit Ansprüchen von außen schlecht zurecht. Sie verlieren schnell den Mut, glauben nicht an ihre eigenen Kräfte und haben wenig konkrete Ziele. Häufig fehlt ihnen der Realitätssinn, sie neigen dazu, sich Phänomene durch Schicksal und geheime Botschaften zu erklären. Sie gelten als launenhaft, eher unselbstständig und gehemmt, geben leicht nach, sind schnell gestresst und setzen sich wenig durch. Sie tun wenig zur Befriedigung ihrer eigenen Bedürfnisse und neigen zum Grübeln. Sie gelten als anfällig für körperliche Beschwerden und sind sensibel gegenüber Körperwahrnehmungen.

  Menschen mit einem hohen Grad an Neurotizismus kommen mit Ansprüchen von außen schlecht zurecht

- EXTRAVERSION: Menschen mit einem hohen Grad an Extraversion sind heitere Wesen mit einer hohen positiven Emotionalität. Sie gelten als unbeschwert, suchen und finden positive Erlebniszustände und versetzen sich dadurch in gute Laune. Sie suchen Menschen und Situationen auf, mit und in denen es ihnen gut geht, sie haben einen Hang zur guten Stimmung und versuchen diese zu erhalten. Traurige Stimmungen halten sie schlecht aus. Sie neigen zu Oberflächlichkeit und sind eher wenig geeignet für Aufgaben, die hohe Aufmerksamkeit und Wachsamkeit erfordern.

  Menschen mit einem hohen Grad an Extraversion gelten als unbeschwert und finden positive Erlebniszustände

- OFFENHEIT FÜR NEUE ERFAHRUNGEN: Dieser Faktor misst das Maß an Neugier und Erkundungswillen. Menschen mit einer hohen Ausprägung lassen sich gerne auf neue Eindrücke ein. Sie sind offen und vielseitig, verfügen über Fantasie stellen Dinge infrage, gelten als unkonventionell, sind experimentierfreudig. Man sagt ihnen eine Affinität zur Kunst nach, sie suchen die Abwechslung, haben vielfältige Interessen, eine Neigung zur Originalität und durchaus auch Bereitschaft zum Widerstand, wenn Dinge ihnen zu konventionell erscheinen. Sie verfügen über eine kreative Intelligenz, es sind Menschen, die Eindrücke schnell bewerten

  Der Faktor Offenheit für neue Erfahrungen misst das Maß an Neugier und Erkundungswillen

und sie gelten als kritisch gegenüber Forderungen, die an sie im Hinblick auf Gehorsamkeit gestellt werden.

Menschen mit einem ausgeprägten Faktor Verträglichkeit haben ein hohes Bedürfnis nach sozialer Zugehörigkeit

- Soziale Verträglichkeit: Menschen mit einer hohen Ausprägung bei dem Merkmal Verträglichkeit haben ein hohes Bedürfnis nach sozialer Zugehörigkeit, einen ausgeprägten Gemeinschaftssinn und eine hohe Bereitschaft zur Bildung von Einheit. Sie sind kontaktfreudig und offen, gelten als menschenfreundlich und wohlwollend und verfügen über ein hohes Maß an Empathie. Sie sind friedliebend, ausgleichend und gelten als teamfähig.

Eine hohe Ausprägung des Faktors Gewissenhaftigkeit steht für Strebsamkeit, Beharrlichkeit und eine disziplinierte Haltung

- Gewissenhaftigkeit: Eine hohe Ausprägung bei diesem Faktor steht für Strebsamkeit, Beharrlichkeit und eine disziplinierte Haltung. Entsprechende Menschen verfügen über eine hohe Selbstdisziplin, eine hohe Leistungsbereitschaft und Selbstmotivation. Sie neigen zur Pflichterfüllung, haben klare Vorstellungen, befolgen Regeln, verfolgen Ziele und gelten als detailorientiert und beständig.

Es geht uns hier nicht darum, Menschen in eine Schublade zu stecken. Mit der Darstellung der Big Five wollen wir vielmehr Ihren Blick für unterschiedliche Persönlichkeitsmerkmale schärfen. Auf Menschen einzugehen, heißt auch, Menschen in ihrer Unterschiedlichkeit wahrzunehmen. Durch eine Selbstbetrachtung und Einschätzung unserer eigenen prägnanten Merkmale verdeutlicht sich vielleicht auch die Perspektive, aus der heraus wir andere sehen und wahrnehmen.

Die Merkmalsdimensionen implizieren keine Wertung

Schätzen Sie sich mithilfe folgender Tabelle selbst ein. Vergleichen Sie Ihre Selbsteinschätzung mit einer Fremdeinschätzung. Stellen Sie sich die hier aufgeführten Eigenschaften als Extremwerte auf einer Skala vor, die aber keinesfalls eine Wertung implizieren soll. Beispielsweise kann je nach Kontext das in der Dimension Gewissenhaftigkeit eher positiv besetzte Merkmal Zielstrebigkeit in Verbissenheit ausarten oder ein in der Dimension soziale Verträglichkeit eher negativ erscheinendes Misstrauen durchaus angebracht sein.

Wenn Sie den Merkmalen je nach Ihrer Einschätzung der Stärke der Ausprägung in der rechten Spalte eine Zahl von eins bis sechs zuordnen, erhalten Sie eine grobe Orientierung (1 = niedrige Ausprägung; 6 = hohe Ausprägung).

Einen Selbsttest finden Sie auch unter: http://de.outofservice.com/bigfive/

Neuroti-zismus – gelassen oder ange-spannt?	zuversichtlich, vertrauensvoll gelassen optimistisch unabhängig, souverän impulsiv, aktiv stabil, emotional robust	ängstlich, besorgt schnell gestresst pessimistisch unsicher, verlegen verhalten, zurückhaltend verletzlich, emotional labil	
Extravertiert oder introver-tiert?	herzlich gesellig, charmant durchsetzungsstark, dominant aktiv erlebnishungrig fröhlich	neutral, barsch einzelgängerisch, eigen nachgiebig, zurückhaltend passiv auf Routinen setzend gedrückt	
Offen für neue Erfah-rungen oder festgelegt?	fantasievoll, kreativ, originell interessiert an Ästhetik, Fragen der Form sensibel für Gefühle risikofreudig, neugierig, veränderungsbereit offen für neue Ideen Normen und Werte hinterfragend, unkonventionell	einfallslos, unkreativ auf Inhalte und Materielles achtend unsensibel, unaufmerksam bodenständig, sicherheitsbewusst Bedenkenträger, kritisch (wert)konservativ, konventionell	
Verträglich oder egozent-risch?	vertrauensvoll freimütig, offen altruistisch entgegenkommend bescheiden gutherzig, mitfühlend	misstrauisch verschlossen egoistisch abweisend egozentrisch kaltschnäuzig	
Gewissenhaft oder unorga-nisiert?	kompetent ordnungsliebend, organisiert pflichtbewusst ehrgeizig, strebsam, zielorientiert diszipliniert besonnen, sorgfältig	inkompetent chaotisch, unorganisiert spontan träge, sich treiben lassend undiszipliniert unüberlegt, fahrig	

6.4.3 Den Gruppenprozess unterstützen – Themenzentrierte Interaktion

Das Modell der themenzentrierten Interaktion bietet Anregungen zur Steuerung von partizipativen Gruppenprozessen

Wir haben dargestellt, mit welch unterschiedlichen Wertorientierungen und Persönlichkeitseigenschaften ein Moderator, aber auch jedes Gruppenmitglied konfrontiert wird. Das Modell der themenzentrierten Interaktion bietet Anregungen zur Steuerung von partizipativen Gruppenprozessen.

Ruth Cohn versuchte zu klären, warum gruppentherapeutische Lernprozesse so besonders lebendig verlaufen und kam zu dem Ergebnis, dass es offensichtlich der achtungsvolle Umgang mit der Gefühlswelt anderer und die Achtung vor dem persönlichen Befinden jedes einzelnen Gruppenmitglieds sind, die dazu beitragen. In gruppentherapeutischen Sitzungen werden Gefühle als fester Bestandteil unseres Seins akzeptiert. Die Gruppenmitglieder können sie ausdrücken und bei anderen wahrnehmen. Damit besteht zugleich die Möglichkeit, dort, wo es notwendig ist, an den Interaktionsbeziehungen innerhalb der Gruppe zu arbeiten.

Zu den erforderlichen Eigenschaften des Leiters (Moderators) einer solchen Gruppe gehören Toleranz, Empathie, Mut, Takt und Interesse. Ort, Zeitpunkt und Anzahl der Treffen stehen fest, auch der Zeitrahmen der einzelnen Treffen. Für den Moderator ist es wichtig, Ort und Zeitrahmen zu kennen, das Motiv und das Interesse des „Veranstalters", wer die Kosten übernimmt und ob die Teilnehmer freiwillig auf ihren Wunsch hin teilnehmen oder ob sie gebeten oder gezwungen wurden. Er sollte u.a. auch Motivation, Ausbildung, Qualifikation und Alter der Teilnehmer sowie die Zusammensetzung der Gruppe kennen. Es ist auch möglich, dass die Gruppe eine Leitungsfunktion übernimmt, wobei dies dann doppelte Aufmerksamkeit hinsichtlich der Beachtung der Regeln und der Teilnahme am Gruppenprozess bedeutet.

Vier Einflussgrößen: Ich, Wir, Es und Globe

Das Modell der themenzentrierten Interaktion (TZI) geht von vier Einflussgrößen aus: Ich, Wir, Es und Globe.

- Das Ich steht für die Persönlichkeit des einzelnen Teilnehmers.
- Das Wir für die Summe aller Beziehungen zwischen allen Teilnehmern der Gruppe.
- Das Es steht für die Komplexität des Themas.
- Der Globe steht für die Rahmenbedingungen, innerhalb derer diese drei Instanzen miteinander interagieren.

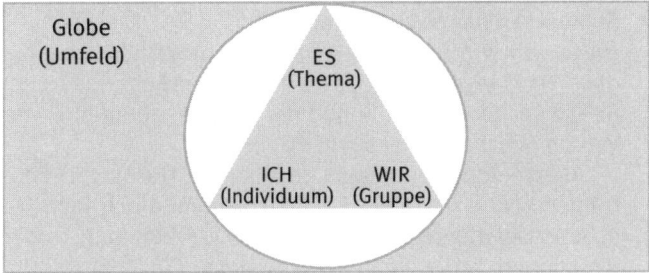

Das Modell der themenzentrierten Interaktion (TZI)

Das Ziel des themenzentrierten Ansatzes ist es, ICH, WIR und Es innerhalb der Rahmenbedingungen des GLOBE in einer dynamischen Balance zu halten. Das Thema, jeder Einzelne und die Gruppe/Team haben ihren Stellenwert. Vorrangig geht es um die sachliche Bearbeitung des Themas (Es). Hier soll ein Fortschritt, eine Erweiterung stattfinden. Zugleich soll jedes Gruppenmitglied eine individuelle Lernerfahrung machen, die es in seinem persönlichen Umfeld verwerten kann (ICH). Die Erfahrung des Austausches und der Zusammenarbeit ist der dritte Baustein (WIR). Gelingt die Zusammenarbeit, hat dies positive Auswirkungen auf alle drei Bereiche.

Ich, Wir und Es innerhalb der Rahmenbedingungen des Globe in einer dynamischen Balance halten

Um den Gruppenprozess zu unterstützen schlägt Cohn folgende Regeln vor:

Regeln, um den Gruppenprozess zu unterstützen

- SEI DEIN EIGENER CHAIRMAN:
  Gib das, was du in dieser Gruppe geben kannst, und empfange das, was du empfangen kannst. Jeder Gruppenteilnehmer ist selbst verantwortlich für das, was er sagt und tut. Er entscheidet eigenverantwortlich, wann er schweigt und wann er redet und über was er redet. Der Bergriff des Chairman impliziert: Verantwortlich zu sein, im Sinne der Freiheit zu entscheiden, was jemand jetzt und hier tut oder sagt. Es besteht oft die Möglichkeit, unter vielen Alternativen, etwas zu sagen oder etwas beizutragen, auszuwählen. Jeder Gruppenteilnehmer ist verantwortlich für das Maß seiner Teilnahme, muss aber auch akzeptieren, dass sein Einfluss begrenzt ist.

Gib das, was du in dieser Gruppe geben kannst, und empfange das, was du empfangen kannst

- ES KANN IMMER NUR EINER REDEN!
  Wenn mehr als einer redet, muss eine Lösung gefunden werden, was passieren soll.

Wenn mehr als einer redet, muss eine Lösung gefunden werden

- **STÖRUNGEN HABEN VORRANG!**

Nicht bewältigte Prozesse auf der psychosozialen Ebene stören oder verunmöglichen die sachorientierte Arbeit

Diese wohl wichtigste Regel trägt dem Umstand Rechnung, dass nicht bewältigte Prozesse auf der psychosozialen Ebene die sachorientierte Arbeit der Gruppe stören oder gar verunmöglichen können (vgl. Kap. 6.4.2).

Gefühle dominieren unseren Zustand. Auslöser für Störungen können aktuelle Befindlichkeiten, durch thematische Assoziationen ausgelöste negative Erinnerungen oder Reaktionen und Verhaltensweisen anderer Teilnehmer sein. Die Tatsache, dass sich ein Teilnehmer in seiner sachorientierten Arbeit gestört fühlt, lässt sich weder verhindern noch wegdenken oder wegreden. Dort, wo Störungen als hinderlich erlebt werden, bietet also lediglich der offene Austausch Chancen der Korrektur im Hinblick auf die erfolgreiche weitere gemeinsame Bearbeitung des Themas.

Stellen Sie sich vor, dass eine Diskussion keine neuen Argumente mehr hervorbringt und es nur zu einem wiederholten Austausch gleich bleibender Argumente zwischen einigen Beteiligten kommt. Ein Teilnehmer empfindet in dieser Situation Langweile oder Ärger. Er registriert, dass seine „Störung" nicht dadurch hervorgerufen wird, dass das Thema ihn vielleicht nicht sonderlich interessiert oder er müde ist, sondern dadurch, dass sich die Diskussion im Kreis dreht. Er unterbricht die Situation und teilt sein Gefühl mit. Die Gruppenteilnehmer haben nun Gelegenheit, die Diskussion zu hinterfragen und neu zu entscheiden, wie weiter verfahren werden soll.

Hätte der Teilnehmer seine Irritation nicht thematisiert, wäre er vielleicht dauerhaft blockiert und jedes weitere Gruppenergebnis würde ohne seine Mitwirkung zu Stande kommen. Dies allerdings steht weder im Einklang mit den Gruppenprinzipien, noch dient es der Lösungsfindung.

- **VERSUCHE GRUNDSÄTZLICH IN DER ICH-FORM ZU SPRECHEN!**

Formulierungen in Ich-Form können nicht infrage gestellt werden

Dies Formulierung in der Ich-Form ist der Man- oder Sie-Form vorzuziehen, da sie persönlicher und authentischer ist und sich auf konkrete eigene Erfahrungen bezieht, die nicht infrage gestellt werden können.

Die Man-Form suggeriert Objektivität und kann den Eindruck der Selbstverständlichkeit erwecken, der individuelle Abweichungen ausgrenzt. In einer Gruppe suggeriert der Hinweis eines einzelnen Teilnehmers, *„Wir brauchen jetzt* *eine Pause"*, dass ungeprüft der Realität die Majorität der Gruppe eine Pause wünscht. Jemand, der noch einen weiterführenden Beitrag vorbringen möchte, könnte sich übergangen fühlen. *„Ich hätte jetzt gerne eine Pause"*, ist die bessere Möglichkeit, zu klären, ob alle oder die meisten nun eine Pause wünschen.

Die Sie-Form kann den Widerstand des Gegenübers wecken, das dann sein Gesicht zu wahren oder sich zu verteidigen sucht und nicht mehr zu einer sachlichen Argumentation fähig ist. Besser als *„Seien Sie doch bitte hier einmal sachlich"*, ist es also zu formulieren, *„Ich wünsche mir an dieser Stelle einige Sachargumente von Ihnen"*.

- WENN DU EINE FRAGE STELLST, SAGE, WARUM DU FRAGST UND WAS DEINE FRAGE FÜR DICH BEDEUTET!
Fragen sind nur dann berechtigt, wenn sie für echte Neugier, Interesse und Informationsbedarf stehen und nicht als Hilfsmittel dienen, keine eigene Position beziehen zu wollen oder den anderen vorzuführen. Es ist daher sinnvoll zu prüfen, ob eine Frage nicht durch eine persönliche Aussage oder Stellungnahme ersetzt werden kann. Wenn Fragen gestellt werden, sollte deutlich werden, aus welchen Motiven heraus dies geschieht.

Fragen sind nur dann berechtigt, wenn sie für echte Neugier, Interesse und Informationsbedarf stehen

- BEACHTE SIGNALE AUS DEINER KÖRPERSPHÄRE UND AUCH BEI ANDEREN TEILNEHMERN!
Sprache ist ein wichtiges Mittel der Kommunikation – aber eben nur eines. Wir erleben unsere körperlichen Reaktionen und die Körpersprache der anderen. Auch dies gibt uns Signale über Befindlichkeiten und Gefühle in der Gruppe. Wir sollten diese bei uns und den anderen beachten.

- ÜBERPRÜFE DIE EIGENEN MITTEILUNGEN UND ÄUSSERUNGEN!
Diese Regel entspricht dem Anspruch auf einen verantwortungsbewussten Umgang miteinander. In allem, was wir tun, stecken Entscheidungsoptionen, solange wir es bewusst tun, haben wir die Freiheit, Informationen zu filtern, vorzuenthalten, die Unwahrheit zu sagen oder uns ungefiltert mitzuteilen.

Maßgebend ist ein verantwortungsbewusster Umgang miteinander

Das Menschenbild hinter dem Modell der themenzentrierten Interaktion basiert auf Wertschätzung und Respekt und Toleranz. Führen auf Augenhöhe setzt auf Kooperation, die wiederum nicht ohne Wertschätzung, Respekt und Vertrauen aus-

Das Menschenbild hinter dem Modell der TZI basiert auf Wertschätzung, Respekt und Toleranz

kommt. Wichtig aus unserer Sicht ist die Auseinandersetzung mit der Thematik. Es geht nicht darum, die Regeln der TZI dogmatisch zu übernehmen, aber sie können eine hilfreiche Basis dafür bilden, sich über eigene gemeinsame Regeln zu verständigen.

6.5 Kommunikation – Die Tiefgründigkeit des Selbstverständlichen

„Man kann nicht nicht kommunizieren."

Welche entscheidende Rolle Kommunikation spielt, hat am einprägsamsten Paul Watzlawick auf den Punkt gebracht, indem er sagte: *„Man kann nicht nicht kommunizieren."* Kommunikation findet immer statt, wenn Menschen – in welcher Art und Weise auch immer – miteinander in Beziehung treten. Und treten sie miteinander kommunikativ in Beziehung, beeinflussen sie sich auch – bewusst und auch unbewusst!

Diese Einflussnahme zeigt sich besonders gut, wenn wir uns das Vier Ohren Modell von Schulz von Thun zu Hilfe nehmen oder auch das abgewandelte TALK-Modell von Neuberger (siehe Kap. 6.5.2).

In jeder Begegnung zwischen ein oder mehreren Menschen findet ein stetiger Prozess wechselseitiger Beeinflussung statt

In jedem Gespräch, in jeder Begegnung zwischen ein oder mehreren Menschen findet also ein stetiger Prozess wechselseitiger Beeinflussung statt. Insbesondere, wenn es um laterale Führung geht, muss dabei gewährleistet sein, dass Kommunikation wechselseitig frei fließen kann, umfassend und effizient ist. Für unseren Bereich der Berufswelt bedeutet das, sowohl die Führungskraft als auch der Mitarbeiter oder Kollege muss frei und offen kommunizieren dürfen, Informationen erhalten und weitergeben können. Es geht dabei auch um den gegenseitigen Respekt und die damit verbundene wertschätzende Art des kommunikativen Austausches.

Die ideale Sprechsituation eines herrschaftsfreien Diskurses ist in der Realität nicht anzutreffen

In idealtypischer Weise entspricht dies dem, was der Philosoph Jürgen Habermas als ideale Sprechsituation im Rahmen eines herrschaftsfreien Diskurses vorgestellt hat. Unter der Voraussetzung, dass ohne hierarchisches oder Machtgefälle alle die gleichen Chancen haben, sich zu äußern und sich jedes Problem für jederman nachvollziehbar ausdrücken lässt, reden hier die Beteiligten ohne Zeit- und Handlungsdruck so lange miteinander, bis auf Basis des jeweils besseren Arguments eine Lösung gefunden ist. Natürlich sind solche Bedingungen in der Realität nicht anzutreffen.

Aber auch wenn das Ideal unerreichbar ist, möchten wir hier einige Vorschläge bieten, die helfen sollen, angestrebte Ziele mit Mitarbeitern besser umsetzen zu können. Gleichzeitig laden wir Sie zu einer kleinen Exkursion in andere Theorien, Sichtweisen und Teilbereiche der Kommunikation ein.

Zuerst aber wollen wir klären, was eigentlich unter „guter" oder „gelungener" Kommunikation zu verstehen ist. Um es gleich vorweg zu nehmen: *Die* Definition von Kommunikation gibt es nicht. Hier zwei unterschiedliche Auffassungen des Begriffs Kommunikation.

Eine allgemein gültige Definition von Kommunikation gibt es nicht

Die erste Variante versteht unter Kommunikation absichtliche Mitteilungen, die an ein Gegenüber gerichtet sind und darauf aufbauende Prozesse intendiert.

Kommunikation ist *„absichtsgelenktes und zielgerichtetes, auf das Bewusstsein von Partnern einwirkendes und eigenes Bewusstsein veränderndes Handeln; Übertragung und Verarbeitung von Informationen, die der Erzeugung von Bedeutung und Sinn sowie in Arten und Weisen des Verstehens realisiert wird."* (Lewandowski, 1976)

Kommunikation als absichtsgelenktes und zielgerichtetes Handeln

Die zweite Variante ist die eingangs erwähnte von Paul Watzlawick, die Kommunikation aus der psychologischen Perspektive heraus betrachtet und jedes menschliche Verhalten in den Kommunikationsbegriff mit einbezieht. *„Wenn man (...) akzeptiert, dass alles Verhalten in einer zwischenpersönlichen Situation Mitteilungscharakter hat, d.h. Kommunikation ist, so folgt daraus, dass man, wie immer man es auch versuchen mag, nicht nicht-kommunizieren kann. Handeln oder Nichthandeln, Worte oder Schweigen haben alle Mitteilungscharakter: Sie beeinflussen andere, und diese anderen können ihrerseits nicht nicht auf diese Kommunikation reagieren und kommunizieren damit selbst."* (Watzlawick, 2007)

Kommunikation als etwas, das zwangsläufig entsteht, sobald Menschen zusammentreffen

Man sieht hier also, dass es wirklich eine Frage des Fachgebietes und der Sichtweise ist, wie man Kommunikation beschreiben will.

6.5.1 Tunnelblick – der fundamentale Attributionsfehler

Bislang konnten wir festhalten, dass für eine erfolgreiche Zusammenarbeit auf der Basis partizipativer Strukturen ein wertschätzendes und empathisches Verhalten unerlässlich ist. Dies kann manchmal allein schon dadurch erschwert werden, dass wir unsere Mitarbeiter oder Kollegen oft nur in der

Situation der Arbeitswelt kennen. Dies vermittelt eine sehr einseitige Sichtweise auf die Person, was gerade die Empathie und das Verständnis beeinträchtigen kann.

Je weniger man das Um-
feld von Personen kennt,
desto stärker neigt man
dazu, deren Verhalten mit
persönlichen Eigenschaf-
ten zu erklären

Je weniger man Umfeld und persönliche Hintergründe von Personen kennt, desto stärker neigt man dazu, deren Verhalten mit persönlichen Eigenschaften und Motiven zu erklären. Diese verzerrte Wahrnehmung bezeichnete Lee Ross als fundamentalen Attributionsfehler. In dem Bemühen, das Verhalten unseres Gegenübers zu verstehen, blenden wir die jeweiligen Umfeldeinflüsse aus und schreiben ihm stattdessen vermeintliche Charaktereigenschaften zu.

Ehe uns ein Verhalten in Unkenntnis der Umstände seines Zustandekommens also völlig unverständlich bleibt und wir deshalb nicht wissen, wie wir darauf reagieren sollen, gewinnen wir durch die Zuschreibung (Attribution) von Eigenschaften die notwendige Orientierung im Alltag. In der Regel müssen wir schnell reagieren und da ist es vielfach unmöglich, vorher ein komplexes Handlungsumfeld zu erfassen.

Zudem sind Charaktereigenschaften statisch und können vor dem Hintergrund sich ständig ändernder Umfeldbedingungen immer wieder als Erklärung für Verhalten dienen.

Experimente haben gezeigt, dass uns meistens nicht einmal bewusst ist, dass wir die Umstände, unter denen sich ein Verhalten zeigt, einfach vergessen oder ignorieren. Dies hat entscheidenden Einfluss auf unsere Urteilsfähigkeit aber auch auf die Leistung des Mitarbeiters.

Auf unser Thema der lateralen Führung bezogen bedeutet dies, dass wir gerade Faktoren wie die soziale Herkunft, die aktuellen Umstände der Arbeitssituation, das Eingebundensein in Netzwerke etc. in unsere Beurteilung von Mitarbeitern und Kollegen und die Art und Weise der kommunikativen Ansprache einbinden müssen. Sind uns Hintergründe nicht bekannt, ist es im Zweifelsfalle besser, sich zu informieren oder den Betreffenden einfach danach zu fragen, ehe man ihm Handlungsmotive unterstellt, die nicht zutreffen.

6.5.2 Mit vier Ohren hören

Kommunikation ist nicht
nur reine Mitteilung von
Information, sondern im-
mer auch Beeinflussung

Dass Kommunikation nicht nur reine Mitteilung von Information, sondern immer auch Beeinflussung ist, veranschaulicht das „Vier-Ohren-Modell" der Kommunikation von Schulz von Thun.

Schulz von Thun geht davon aus, dass jede Äußerung gleichzeitig vier Botschaften enthält, ohne dass uns dies unbedingt bewusst sein muss. Diese vier Botschaften sind:

- SACHINFORMATION (reine Information über die Fakten)
- SELBSTKUNDGABE (Was offenbare ich über mich?)
- BEZIEHUNGSHINWEIS (Wie stehe ich zu meinem Gegenüber?)
- APPELL (eine Ansage, was getan werden soll)

Jede Äußerung enthält gleichzeitig vier Botschaften

Will man sämtliche Schwingungen und Zwischentöne auf allen diesen vier Ebenen der Kommunikation erfassen, muss man gewissermaßen mit vier Ohren gleichzeitig hören. Dies verbessert das Verständnis sowohl im privaten Miteinander als auch im beruflichen Bereich. Wo das rein Berufliche und das Menschliche ständig miteinander verbunden sind, sind Sie in Ihrer Arbeit als Führungskraft doppelt gefordert.

Um sämtliche Botschaften auf allen Ebenen der Kommunikation zu erfassen, muss man „mit vier Ohren gleichzeitig hören"

Folgendes gibt es in Bezug auf die vier Kommunikationsebenen zu beachten:

- SACHEBENE: Hier werden die Informationen übermittelt. Es geht um Daten, Fakten und Sachverhalte. Für den Sender der Information gilt es also, den Sachverhalt klar und verständlich zu vermitteln. Der Empfänger, der „mit dem Sachohr hört", kann dann auch genau diese Daten, Fakten und Sachverhalte aufnehmen und verarbeiten.

Fakten und Sachverhalte müssen präzise und eindeutig vermittelt werden

- SELBSTKUNDGABE: Wenn jemand etwas äußert, gibt er auch immer etwas von sich selbst preis. Diese Selbstkundgabe offenbart, was im Sprecher vorgeht und wie er zu der aktuellen Situation steht. Dies kann explizit als „Ich-Botschaft" *(Ich bin beunruhigt darüber, dass ...)* oder implizit geschehen. Hier ist interessant, dass jede Botschaft für den Empfänger immer auch Aufschluss über die Person und Befindlichkeit des Sprechers mit sich bringt. Während der Sender also implizit oder explizit etwas über sich preisgibt, nimmt der Empfänger diese mit dem „Selbstkundgabe-Ohr" auf: *Was sagt mir das über den anderen? Was ist der für einer?*

Jede Botschaft bietet dem Empfänger immer auch Aufschluss über die Person und Befindlichkeit des Sprechers

- BEZIEHUNGSEBENE: Wenn Sie jemanden ansprechen, geben Sie durch die Formulierung, Ihre Art zu sprechen, Ihren Tonfall oder Ihre Mimik auch zu erkennen, wie Sie zum Empfänger stehen und was Sie von ihm in der aktuellen Situation halten. Kommunikation erschließt also immer auch die jeweilige Einschätzung und Bewertung der Beziehung des Sprechers zum Hörer. Gerade dieser Beziehungsaspekt ist

Kommunikation erschließt immer auch die jeweilige Bewertung der Beziehung des Sprechers zum Hörer

Auf dem „Beziehungs-
ohr" sind Angesprochene
in der Regel sehr
empfindlich

Kommunikation will in
der Regel auch etwas be-
wirken, Einfluss nehmen

sehr vorsichtig zu behandeln, da der Angesprochene hier ein „besonders offenes Ohr" hat. Der Empfänger, etwa Ihr Mitarbeiter, wird daraus bewusst oder unbewusst ableiten, was Sie von ihm halten, wie Sie zu ihm stehen und ob er sich gut oder gerecht von Ihnen behandelt fühlt.

- Appell: Kommunikation will in der Regel auch etwas bewirken, Einfluss nehmen; den anderen nicht nur erreichen sondern auch etwas *bei* ihm erreichen. Selbst eine reine Information intendiert zumindest einen Kenntniszuwachs oder eine Meinungsänderung beim Gegenüber. Offen oder verdeckt geht es auf dieser Ebene um Wünsche, Appelle, Ratschläge, Handlungsanweisungen, Effekte etc. Hier steht also in erster Linie dahinter, was der Empfänger tun soll, was Sie von ihm erwarten.

Das TALK-Modell von
Oswald Neuberger

Basierend auf den Arbeiten von Schulz von Thun, entwickelte Oswald Neuberger das TALK-Modell. Die vier Buchstaben repräsentieren jeweils eine Seite der Nachricht.

T Tatsachendarstellung
A Ausdruck
L Lenkung
K Kontakt

Man stelle sich folgende Situation vor: Sie sagen zu Ihrem Mitarbeiter oder Kollegen, der gerade zur Tür hereinkommt: *„Wissen Sie eigentlich, wie spät es ist?"* Hier können nun ganz unterschiedliche Ebenen angesprochen sein und natürlich können diese auch unterschiedlich aufgefasst werden:

- Tatsachendarstellung, Themenorientierung (Sachebene bei Schulz von Thun): *„Ich weiß nicht, wie spät es ist und möchte es von Ihnen erfahren."*
- Ausdruck (Selbstoffenbarung bei Schulz von Thun): *„Ich bin verärgert."*
- Lenkung, Handlungsaufforderung (Appell bei Schulz von Thun): *„Seien Sie gefälligst das nächste Mal pünktlich!"*
- Kontakt, Klima, Beziehung (Beziehungsebene bei Schulz von Thun): *„Ich bin enttäuscht von Ihnen, dass Sie den Termin versäumt haben!"*

An diesem Beispiel wird sehr deutlich, dass es nicht weiter erstaunlich ist, warum es in Gesprächen so oft zu Konflikten kommt. Wie habe ich eine Botschaft gemeint und wie kommt sie wirklich an?

Wenn Sie zurückdenken, fallen Ihnen bestimmt unzählige Beispiele für eine missglückte Kommunikation ein, die nur deswegen entstehen konnte, weil nicht klar geäußert wurde, was gemeint war oder einfach eine beliebige Interpretation des Gesagten gewählt wurde. Um Missverständnisse zu vermeiden, ist es von großer Wichtigkeit darauf zu achten, sich stets klar und deutlich auszudrücken.

Vermeiden Sie Floskeln oder versteckte Andeutungen. Je klarer und eindeutiger Sie Ihre Wünsche, Anregungen und Ziele gegenüber den Mitarbeitern und Kollegen formulieren, desto höher ist die Wahrscheinlichkeit, dass auch nur das beim Empfänger ankommt, was Sie sagen wollten und nicht irgendeine Interpretation dessen, was – wie Sie sich vorstellen können – sehr leicht zu Missverständnissen führen kann.

Dabei können wir uns diese Form der Kommunikation einfach nicht mehr erlauben. In Beziehungen scheint das Scheitern programmiert zu sein. Auf politischer Ebene erleben wir wieder eine verstärkte Tendenz hin zu Schlagworten und Phrasen Einzelner, statt Lösungen gemeinsam zu suchen und zu finden. Dies hat zur Konsequenz, dass Probleme nicht wirklich angemessen gelöst werden.

6.5.3 Dialog statt Diskussion

Eine Möglichkeit, einen gute und produktive Kommunikation mit Mitarbeitern und Mitmenschen zu führen, ist der Dialog. Während es in einer Diskussion (lateinisch von discutere = zerschlagen, zerteilen, zerlegen) darum geht, ein Thema buchstäblich auseinanderzunehmen, bedeutet Dialog (griechisch von dia = durch, logos = Geist, Wort), etwas durch das Wort geschehen zu lassen. Ein Dialog ist eine mündlich oder schriftlich zwischen zwei oder mehreren Personen geführte Rede und Gegenrede.

Der Physiker David Bohm (1917 – 1992) hat sich in seinen letzten Jahren intensiv mit dem Dialog beschäftigt. Nach Bohm ist es unser diskursives Denken (von lat. discurrere – auseinanderlaufen), das die Welt zerteilt und aufspaltet und das, was ursprünglich ganz war, zerstückelt und atomisiert. So betont die Diskussion eher das Trennende und der Dialog stiftet eher das Gemeinsame. Der Dialog ist also die dem lateralen Führen angemessenere Kommunikationsform. Während wir in einer Diskussion Positionen beziehen und sie verteidigen, versu-

Der Dialog ist die dem lateralen Führen angemessene Kommunikationsform chen wir im Dialog, „durch das Wort hindurch" die Welt zu verstehen. Für Bohm bedeutet einen Dialog zu führen, die Erfassung eines *„freien Sinnflusses, der unter uns, durch uns hindurch und zwischen uns fließt".* (Bohm, 1998)

Unser Alltagsverständnis geht davon aus, dass unsere Wahrnehmung und unser Denken die Dinge und die Erfahrungen so abbildet und begreift, wie sie sind und wir es mit objektiven Realitäten zu tun haben, die unabhängig von unserem Wahrnehmen und Denken existieren. Jedoch ist es vielmehr so, dass wir uns unsere Realität mit unserem Denken erst erschaffen. Ein Spezialfall dieser mentalen Modelle ist das, was in der Psychologie unter Charakterstrukturen beschrieben wird. Menschen haben ganz unterschiedliche Entwürfe über sich selbst, über die Welt und die wichtigen Themen des Lebens. Menschen leben in grundsätzlich unterschiedlichen Erfahrenswelten. Das bedeutet in letzter Konsequenz, dass wir nicht einmal in unseren intimsten Beziehungen davon ausgehen können, dass wir uns einfach so verstehen.

Wir erschaffen uns unsere Realität selbst

Es ist auch in Arbeitsbeziehungen wichtig und notwendig, immer wieder zu fragen, wie das Gegenüber etwas erlebt und versteht. Für David Bohm ist exakt das ein zentrales Anliegen des Dialogs: Wenn Menschen gemeinsam eine dialogische Art der Kommunikation üben, verändert sich die Atmosphäre in der Gruppe, und die Mitglieder beginnen, gemeinsam an einer Idee zu arbeiten, statt sich zu positionieren und feste Meinungen und streitbare Ansichten gegenüberzustellen. Daraus kann dann in der Gruppe etwas entstehen, das über den Einzelnen hinausreicht und dem Ganzen dient. Es handelt sich dann plötzlich nicht mehr um getrennte Personen und Meinungen, sondern es wird plötzlich möglich, dass an einem großen Thema gemeinsam gearbeitet wird. Dies steht ganz im Sinne lateralen Führens und ist doch eine respektable Voraussetzung für eine gute Zusammenarbeit!

Dialogorientierte Kommunikation hilft Gruppen, ein gemeinsames Verständnis zu finden und an gemeinsamen Zielen zu arbeiten

Bohm hat Ziele und Inhalte des Dialogs sehr treffend beschrieben. Ähnlich den Hilfsregeln der themenzentrierten Interaktion oder der Vorstellung einer idealen Sprechsituation kann dies richtungsweisend sein, um konstruktiv miteinander zusammenzuarbeiten. Wir wollen Ihnen daher einige der Grundsätze Bohms vorstellen:

Einige Grundsätze des Dialogs

- Niemand versucht zu gewinnen. Dies ist eine der wichtigsten Voraussetzungen in jeder Kommunikation. Kommunikation ist nicht gleichbedeutend mit „Kampf" oder „Krieg". Es geht nicht darum, wer den anderen austrickst oder wer letztlich als Gewinner aus der Diskussion hervorgeht.

Natürlich möchten wir uns mit unseren Gedanken und Ansichten Gehör verschaffen und wollen auch, dass unsere Meinung überzeugt. Das ist auch durchaus legitim. Davon ausgehend, dass wir nicht bewusst etwas Falsches durchsetzen wollen, andere in die Irre führen oder jemandem Schaden zufügen möchten, ist unser Ziel in einer Kommunikation aber doch immer der Austausch von Erfahrungen zum Wohl der Sache. Ein Projekt soll fertig gestellt werden, der Umsatz soll gesteigert werden, Innovationen sollen das Geschäft beleben. Wenn das Ziel aber nur der Gewinn des Einzelnen ist, kann die eigentliche Sache dabei schnell in den Hintergrund treten oder gar ganz vergessen werden, was schlimmstenfalls ein Scheitern der Projekts zur Folge haben kann.

- Alles ist denkbar. Es gibt keine Verbote. Alles ist prinzipiell hinterfragbar. In einem Dialog muss jeder Teilnehmer immer dazu bereit sein, seine Grundannahmen infrage zu stellen.

- Gruppen sind keine Veranstaltungen, um möglichst effizient Entscheidungen zu treffen und im Maschinentakt Problemlösungen zu produzieren. Um das Potenzial von Gruppen voll auszuschöpfen, benötigen sie vielmehr einen Freiraum.

- Dass ein echter Dialog keinen Raum für mikropolitische Einflussnahmen bietet, ist selbstverständlich. Aber selbst der Versuch, jemanden von der eigenen Meinung zu überzeugen, ist in einem Dialog unangebracht. Kein Teilnehmer sollte versuchen, nur auf der Basis der eigenen Meinung die Meinung von jemand anderem zu verändern. Konstruktiv ist es, wenn sich die Veränderung von Meinungen als Resultat des Gruppenprozesses ergibt – oder eben auch nicht.

- Die anderen Teilnehmer in Gruppenkonstellationen können dem Einzelnen als Spiegel dienen.

- Die Beziehungen in der Dialoggruppe sollte frei von Hierarchie sein. Hier sind wir wieder an einem entscheidenden Punkt, der auf unsere Beispiele der lateralen Führung nur bedingt anzuwenden ist. Eine gewisse Hierarchie ist gerade in beruflicher Hinsicht sehr oft nicht auszuschließen, eine

Kommunikation ist nicht gleichbedeutend mit „Kampf" oder „Krieg"

In einem Dialog muss jeder Teilnehmer dazu bereit sein, seine Grundannahmen infrage zu stellen

Kein Teilnehmer sollte versuchen, nur auf der Basis der eigenen Meinung die Meinung von jemand anderem zu verändern

Eine Atmosphäre schaffen, in der die Dominanz der Hierarchie nicht so sehr zum Tragen kommt

ideale Gesprächssituation wird sich in auf Gewinnmaximierung ausgerichteten Organisationen nicht etablieren lassen. Dennoch sollte man versuchen, zumindest eine Atmosphäre zu schaffen, in der die Dominanz der Hierarchie nicht so sehr zum Tragen kommt. Vielleicht ist es ja sogar möglich, sich als Vorgesetzter aus Gesprächen bewusst herauszuziehen, um einen ungehemmteren Dialog zu fördern.

6.5.4 Bewusst kommunizieren – Transaktionsanalyse

Wir möchten noch ein Modell vorstellen, das helfen kann, Gesprächen einen besseren Verlauf zu geben Die Transaktionsanalyse (TA) wurde von dem Psychiater Eric Berne (1910 – 1970) entwickelt. Berne fiel in seinen psychotherapeutischen Sitzungen immer wieder auf, dass sich seine Patienten innerhalb eines Gesprächs in ihrem Verhalten plötzlich komplett veränderten, Haltung und Gestik wandelten sich, sogar die Art zu Sprechen war nicht mehr die gleiche.

Drei unterschiedliche Persönlichkeitsbereiche oder Persönlichkeitszustände, aus denen heraus Personen je nach Situation interagieren

Berne schrieb diese plötzlichen Verhaltensänderungen drei unterschiedlichen Persönlichkeitsbereichen oder Persönlichkeitszuständen zu, aus denen heraus die Personen je nach Situation interagierten. Diese Zustände oder Personen sind keine Rollen, die gespielt werden, so wie wir im Laufe eines Tages in unterschiedlichen Situationen unterschiedliche Rollen übernehmen, sondern es handelt sich hier um reale Empfindungen, die ihren Ursprung in der Kindheit haben.

Prägend sind hier bestimmte Schlüsselerlebnisse innerhalb der ersten sechs Lebensjahre. In dieser Zeit gemachte Erfahrungen werden im Gehirn besonders fest verankert und können durch entsprechende Reize oder Situationen später wieder abgerufen werden, bzw. treten oft ungewollt und unbewusst wieder in Erscheinung.

Gerät man also in eine Situation, deren Verlauf und Muster an eine solche Schlüsselsituation aus der Kindheit erinnert, wird man sich entsprechend der damaligen Situation verhalten.

Sicher hat jeder an sich selbst schon einmal erfahren, wie man in bestimmten Situationen oder im Zusammenhang mit bestimmten Personen in spezifische Verhaltensweisen verfällt, ohne dass man das Gefühl hat, dies wirklich kontrollieren zu können. Auch an Gesprächspartnern, sei es beruflich oder privat, kann man beobachten, dass sie plötzlich „komisch" oder zumindest der Situation entsprechend „unangemessen" reagieren.

Die Ursache dafür ist, dass wir immer aus einem bestimmten Persönlichkeitszustand, ICH-ZUSTAND, heraus agieren. Berne unterscheidet hier den Ich-Zustand des ELTERN-ICH (EL), des ERWACHSENEN-ICH (ER) und des KIND-ICH (K). Kommunikation wird erschwert, wenn, oft innerhalb von Sekunden, diese Ich-Zustände wechseln, und die Ursachen dafür den Beteiligten nicht transparent werden.

Das Eltern-Ich steht für Regeln und Kontrolle. *„Kannst du deinen Termin pünktlich wahrnehmen?"; „Ich muss den neuen Abteilungsleiter begrüßen."*

Das Erwachsenen-Ich ist rational, pragmatisch und realitätsbezogen. *„Ich muss noch einkaufen, bevor ich nachhause fahre." „Folgende Unterlagen brauche ich für das Meeting."*

Das Kind-Ich ist für Gefühle zuständig: *„Ich habe keine Lust mehr." „Das ist aber aufregend."*

Aus diesen Beobachtungen Bernes entstand das Modell der Transaktionsanalyse, wie wir es heute kennen. Eine Transaktion bedeutet in diesem Zusammenhang, dass Kommunikation immer aus zwei Teilen besteht, einer Aktion von Sender A also immer eine Reaktion von Empfänger B folgt. Einer Frage folgt eine Antwort, einem Befehl folgt die Ausführung oder eine Rückfrage, einer Aussage folgt die Gegenaussage.

Kommunikative Transaktion: Kommunikation besteht immer aus zwei Teilen: einer Aktion von Sender A folgt eine Reaktion von Empfänger B

Da man, wie wir eingangs dieses Kapitels gesehen haben, nicht nicht kommunizieren kann, wäre es auch eine vollständige kommunikative Transaktion, wenn der Empfänger auf eine Aktion des Senders gar nicht reagieren würde. Er signalisiert damit nämlich: *„Ich reagiere nicht"* und der Sender kann daraus seine Schlüsse ziehen.

Die Transaktionsanalyse wird seit vielen Jahren in verschiedenen Bereichen der Kommunikation eingesetzt. Indem bewusst nachvollzogen wird, warum sich Menschen in unterschiedlichen Situationen wie verhalten, können Gespräche bewusst gesteuert und somit in ihrem Erfolg positiv beeinflusst werden.

Die Transaktionsanalyse ist sowohl anwendbar, um beispielsweise Mitarbeiter und deren Verhalten besser zu verstehen, als auch zu Selbstreflexion und Selbstanalyse eigenen Verhaltens und Reaktionsverhaltens.

*WENN MAN BEGINNT, SEINE EIGENEN ICH-ZUSTÄNDE UND
DIE DER GESPRÄCHSPARTNER BEWUSST WAHRZUNEHMEN
UND DARAUF EINZUGEHEN, WIRD KOMMUNIKATION
WESENTLICH EINFACHER UND ERFOLGREICHER.*

Im Folgenden stellen wir Ihnen die verschiedenen Ich-Zustände vor, aus denen heraus wir interagieren oder in der Terminologie der TA kommunikative Transaktionen vornehmen:

ELTERN-ICH (EL)

Im ELTERN-ICH finden wir alles, was wir in unserer frühen Kindheit an Werten und Normen verinnerlicht haben. Neben der Prägung durch die Eltern ist hier auch der Einfluss anderer Bezugspersonen wie Geschwister, Freunde, Erzieher im Kindergarten etc. maßgebend. Die in der frühen Kindheit vermittelten Verhaltensregeln bleiben oft für unser ganzes Leben von Bedeutung.

Das KRITISCHE ELTERN-ICH (EL_k) spiegelt die typische Vater/Mutter-Figur eines Menschen wider, wenn es um die Kontrolle und Bestrafung in der Erziehung der Kinder geht. Immer wenn jemand aus dem kritischen Eltern-Ich heraus handelt, erteilt er etwa Befehle, weist andere zurecht, schimpft, kritisiert, bestraft, verurteilt etc. Auch die Körpersprache gleicht sich an. Typische Gesten für das kritische Eltern-Ich sind ein strafender Blick, Kopfschütteln, der erhobene Zeigefinger und das Lauterwerden der Stimme. Es fallen Worte wie *„Du musst"*, *„Sie sollten doch"* etc.

Im stützenden, FÜRSORGLICHEN ELTERN-ICH (EL_f) dagegen finden wir eher den Bereich des Kümmerns und der Fürsorge, die Unterstützung. Dinge die getan werden, wenn man sich um sein Kind sorgt, es bemuttert, tröstet oder Verständnis zeigt. Typische Gesten für das fürsorgliche Eltern-Ich sind Schulterklopfen, Streicheln, in den Arm nehmen. Die Stimme ist beruhigend und langsam und das Gegenüber erfährt Zuspruch durch Aussagen wie: *„Das war doch gar nicht so schlecht"*, oder *„Das wird schon wieder."*

ERWACHSENEN-ICH (ER)

Das ERWACHSENEN-ICH entwickelt sich aufgrund der Lebenserfahrung und wird immer dann eingenommen, wenn es um rationale Entscheidungen geht, die auf Fakten beruhen und nicht

Im Eltern-Ich finden wir alles, was wir in unserer frühen Kindheit an Werten und Normen verinnerlicht haben

Das kritische Eltern-Ich (EL_k) reglementiert

Das fürsorgliche Eltern-Ich (EL_f) steht für den Bereich des Kümmerns und der Unterstützung

gefühlsmäßig aus dem Bauch heraus getroffen werden. Außerdem übernimmt das Erwachsenen-Ich eine Kontrollfunktion gegenüber den anderen Ich-Zuständen, sodass alle Kindheits-Ich-Gefühle oder Eltern-Ich-Sorgen zurückgestellt werden können, um eine möglichst nüchterne Entscheidung treffen zu können. Agiert man aus dem Erwachsenen-Ich heraus, bleibt man auch sprachlich neutral und strukturiert und hat auch eine klare deutliche Stimme.

Das Erwachsenen-Ich wird immer dann eingenommen, wenn es um rationale Entscheidungen geht

KIND-ICH (K)

Im KIND-ICH manifestieren sich die Gefühle, die man als Kind in bestimmten Situationen empfunden hat.

Das rebellische oder NATÜRLICHE KIND-ICH (K_n) drückt die spontane und unverstellte Art eines Kindes aus. Gefühle von Freude oder auch Leid, Wut, Trauer. Diese Gefühle werden spontan ausgelebt, geäußert und nicht hinterfragt. Ausrufe wie *„schade", „toll", „super", „hurra"* werden häufig benutzt. Spontaneität ist typisch für das natürliche Kind-Ich, man kümmert sich nicht darum, was andere denken oder von einem halten.

Im Kindheits-Ich manifestieren sich die Gefühle, die man als Kind in bestimmten Situationen empfunden hat

Das ANGEPASSTE KIND-ICH (K_a) entspricht dagegen dem Persönlichkeitszustand des artigen Kindes, das den Eltern stets gehorcht und keine eigene Meinung vertritt. Immer wenn wir uns „linientreu" oder gar unterwürfig verhalten, zustimmen, obwohl wir anderer Meinung sind, zögerlich, unsicher oder ängstlich reagieren, geschieht dies aus unserem angepassten Kind-Ich heraus. Verbal äußert sich dies beispielsweise in einer unsicheren Stimmlage, ständigem Beipflichten und Ja-Sagen und unsicherem verzögertem Sprechen.

Je nach Situation hat jeder Ich-Zustand seine Berechtigung und es ist wenig sinnvoll, hier in „gute" oder „schlechte" Ich-Zustände zu differenzieren. Während in einer Entscheidungssituation das unabhängige Erwachsenen-Ich gefordert ist, kann es in einer kreativen Situation durchaus angebracht sein, sein natürliches Kind-Ich auszuleben.

In der Regel verläuft eine Kommunikation nachvollziehbar und konstruktiv und bringt tragfähige Ergebnisse, wenn sich die Beteiligten im Zustand des Erwachsenen-Ichs begegnen.

Problematisch wird es immer dann, wenn einer der Zustände in einem übertriebenen Maß vorherrscht.

In der Regel bringt eine Kommunikation tragfähige Ergebnisse, wenn sich die Beteiligten im Zustand des Erwachsenen-Ichs begegnen

	Eltern-Ich		Erwachsenen-Ich	Kind-Ich	
	kritisch	fürsorglich		natürlich	angepasst
zu hoch	Üben, sich bewusst mehr zurückzunehmen und nicht jeden zu dominieren. Man demotiviert andere und verschenkt deren Potenzial, wenn man ständig kritisiert, unterbricht oder maßregelt. Vertrauen und Achtung sind hier die Stichworte.	Es ist sinnvoll, Mitarbeiter zu loben, und für sie da zu sein. Jedoch gehört zu einer guten Führung auch, Leistungen einzufordern und gegebenenfalls Kritik zu üben. Loslassen und Verantwortungsdelegation ist hier das Motto.	Den Drang nach Perfektion unterdrücken. Es muss nicht alles immer hundertprozentig sein. Spontaneität und Gefühl sollten ab und zu etwas Raum bekommen und die rein rationale Seite etwas verdrängen.	Hier geht es schnell einmal chaotisch zu. Lebt man sich ungehemmt aus, ist man für andere schwer einzuschätzen und läuft Gefahr, nicht ernst genommen zu werden. Selbstkontrolle ist gefragt, die öfter einmal zu Vorsicht und Vernunft mahnt.	Es ist eine unlösbare Aufgabe, es allen recht machen zu wollen! Und: Everybody's Darling is Everybody's Depp. Hier kann helfen, an den kleinen Dingen des Alltags zu üben, auch einmal Nein zu sagen oder Widerstand zu leisten.
zu niedrig	Auf sich selbst vertrauen und Anweisungen ruhig auch einmal kritisch hinterfragen und nach eigenen Lösungen suchen. Unterstützend an der nonverbalen Ausdrucksweise arbeiten, um Aussagen mehr Nachdruck zu verleihen.	Gar nicht zu loben oder zu unterstützen, kann Mitarbeiter verunsichern und demotivieren. Hier wäre das Motto Empathie und Verständnis und Nachsicht, wenn mal etwas nicht ganz richtig läuft.	Entscheidungen sind tragfähiger, wenn nicht „aus dem Bauch heraus", sondern aufgrund von vorliegenden Erfahrungen und belastbaren Daten und Fakten rational entschieden wird.	Etwas mehr Freude und Spontaneität sind hier gefordert. Man darf ruhig auch einmal aus sich herausgehen und spielerisch handeln.	Das Motto hier ist: Kompromissbereitschaft! Wie ein trotziges Kind stur seinen Willen durchsetzen zu wollen, ist kein guter Ratgeber, um zu führen oder produktive Ergebnisse mit seinen Mitarbeitern oder Mitmenschen zu erzielen.

Kommunikationsprobleme können immer auch dann erwachsen, wenn die Beteiligten aus zwei verschiedenen Ich-Zuständen heraus agieren. Berne bezeichnet das als gekreuzte Transaktion, im Unterschied zur parallelen Transaktion, die vorliegt, wenn die Beteiligten aus dem gleichen Ich-Zustand heraus handeln.

Gekreuzte und parallele Transaktionen

- PARALLELE TRANSAKTIONEN SIND UNPROBLEMATISCH, DA SIE SICH AUF DER EBENE DES GLEICHEN ICH-ZUSTANDS ABSPIELEN. Hier agieren beispielsweise beide Partner aus dem Erwachsenen-Ich heraus:

  A: *„Bringen Sie bitte zur Besprechung morgen die Unterlagen XY mit."*

  B: *„In Ordnung, das werde ich machen."*

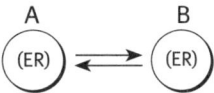

- GEKREUZTE TRANSAKTIONEN SIND PROBLEMATISCH, WENN ROLLENERWARTUNGEN UNTERLAUFEN WERDEN. Hier agiert A aus dem kritischen Eltern-Ich heraus, aber B antwortet nicht wie erwartet aus dem angepassten Kind-Ich, sondern kontert aus dem Erwachsenen-Ich.

  A: *„Wenn Sie Ihren Platz verlassen, setzen Sie Ihren Rechner in den Standby-Modus! Oder haben Sie noch nie von Energiesparen gehört."*

  B: *„Ob ich meinen Rechner noch brauche oder nicht, entscheide allein ich. Und übrigens können Sie in einem ganz normalen Ton mit mir reden!"*

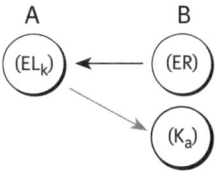

- GEKREUZTE TRANSAKTIONEN SIND UNPROBLEMATISCH, WENN SIE KOMPLEMENTÄR SIND, ALSO DEN ROLLENERWARTUNGEN DER BETEILIGTEN ENTSPRECHEN. Hier agiert A aus dem kritischen Eltern-Ich heraus und B antwortet aus dem angepassten Kind-Ich:

  A: *„Wenn Sie Ihren Platz verlassen, setzen Sie Ihren Rechner in den Standby-Modus! Oder haben Sie noch nie von Energiesparen gehört."*

  B: *„Entschuldigung, das habe ich ganz vergessen. Es wird nicht wieder vorkommen."*

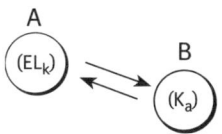

Nutzt man die Erkenntnisse und Techniken der Transaktionsanalyse, um die Kommunikation mit Kollegen und Mitarbeitern erfolgreicher zu gestalten, sollte man sich folgende Fragen stellen:

- Warum benehme ich mich jetzt in dieser Situation so unangebracht?

- Warum reagiert der Mitarbeiter plötzlich völlig unerwartet und unberechenbar?
- Warum kommt es immer wieder zu Streit und Missverständnissen mit Person X?

Gelingt es hier zu erkennen, aus welchem Ich-Zustand jeweils heraus interagiert wird, können sich Lösungsmöglichkeiten abzeichnen.

Ein Beispiel aus dem beruflichen Alltag

Wir möchten die Anwendungsmöglichkeiten an einem Beispiel aus dem beruflichen Alltag verdeutlichen.

Gehen wir davon aus, Herr Müller, der die Leitung in einem größeren Projekt übertragen bekommen hat, ärgert sich über einen Mitarbeiter (Herr Schulz), der die ihm übertragene Aufgabe, die Verkaufszahlen für das vergangene Jahr zu besorgen, nicht erledigt hat. Für die morgige Teamsitzung fehlen damit wichtige Unterlagen.

In einer komplementären Transaktion antwortet das Gegenüber in der Weise, wie es angesprochen wird, was hier so aussehen kann: Herr Müller ist verärgert und befindet sich im kritischen Eltern-Ich: *„Sie sollten doch die Zahlen besorgen! Sie sind schuld, wenn wir dann morgen nicht weiterkommen."* Herr Schulz antwortet komplementär aus dem angepassten Kindheits-Ich: *„Ich kann doch nichts dafür, wenn die Buchhaltung so langsam arbeitet und die Zahlen nicht rechtzeitig herausgibt."* Natürlich ist dies für Herrn Müller keine befriedigende Antwort. Beschimpft er nun Herrn Meier weiter und versucht dieser weiter sich zu rechtfertigen, kommt es zu einer Schleife, die nicht weiterführt.

In einer gekreuzten Transaktion sähe das gleiche Gespräch vielleicht so aus: Herr Müller agiert wieder aus dem kritischen Eltern-Ich und maßregelt Herrn Meier. Dieser reagiert diesmal aber nicht komplementär aus dem angepassten Kindheits-Ich, sondern unterbricht den Verlauf des Gespräches, indem er die Ich-Ebene wechselt und aus dem Erwachsenen-Ich heraus einen Lösungsvorschlag anbietet: *„Die Buchhaltung hat den versprochenen Termin nicht eingehalten. Vielleicht können Sie dort kurz anrufen und Druck machen, damit wir die Zahlen für die Teamsitzung doch noch rechtzeitig bekommen."*

Während parallele und komplementäre Transaktionen im Prinzip endlos weiterlaufen können, verändert ein Wechsel der

Ebene des Ich-Zustands die Kommunikation und bietet immer auch die Chance einer positiven Veränderung.

Ein Wechsel der Ebene des Ich-Zustands verändert die Kommunikation

Man sieht hier, dass es einer Menge Übung bedarf, um die Transaktionsanalyse anzuwenden, da man zum einen seinen eigenen Ich-Zustand erkennen und hinterfragen und zum anderen den des Gegenübers wahrnehmen muss, um angemessen reagieren zu können.

6.5.5 Emotionale Intelligenz

Längst umfasst die Vorstellung von Kompetenz auch soziale Fähigkeiten, unter denen die emotionale Intelligenz eine Schlüsselkompetenz darstellt. Im Zusammenhang von lateralem Management und flacheren Strukturen darf daher auch das Konzept der EMOTIONALEN INTELLIGENZ nicht fehlen.

Eingeführt wurde dieser Begriff erstmals von den Psychologen Peter Salovey und Jack Mayer 1989, die später auch einen Test entwickelten, um emotionale Intelligenz messen zu können. Sie unterteilten den Begriff der emotionalen Intelligenz in vier Bereiche, denen sie im Rahmen ihres Tests auch bestimmte Fähigkeiten zuordneten:

- Wahrnehmung von Emotionen:
  - Emotionen in Gesichtern identifizieren
  - Emotionen in Landschaften und Designs erkennen

Fähigkeiten der emotionalen Kompetenz

- Verwendung von Emotionen zur Unterstützung des Denkens:
  - emotionale Empfindungen mit anderen sensorischen Reizen vergleichen
  - das Erkennen von Emotionen, die Denkaufgaben positiv unterstützen
- Verstehen von Emotionen:
  - das Wechseln von emotionalen Zuständen den Situationen zuordnen können
  - auch bei Auftreten mehrerer Emotionen gleichzeitig differenzieren zu können
- Umgang mit Emotionen:
  - Veränderung des Gefühlszustands bei sich selbst vornehmen können oder vorschlagen
  - Veränderungen des Gefühlszustands bei anderen vornehmen können oder vorschlagen können, wie dies geschehen kann

Emotionen müssen als solche zunächst einmal wahrgenommen werden

Salovey und Mayer gingen dabei davon aus, dass Emotionen als solche zunächst einmal wahrgenommen werden müssen. Das ist gemäß ihrer Anforderungen an emotionale Intelligenz also die erste zu erbringende Leistung des Akteurs oder in unserem Falle der Führungskraft. Anhand des Verhaltens, in hohem Maße auch des nonverbalen Verhaltens wie Mimik oder Gestik, soll klar werden, dass überhaupt situationsbedingte Gefühle vorhanden sind.

Welche Verbindung besteht zwischen den Emotionen und den Bewusstseinsprozessen des Gegenübers?

Die Verwendung von Emotionen zur Unterstützung des Denkens zielt darauf ab zu erkennen, welche Verbindung zwischen den Emotionen und den Denk- und Bewusstseinsprozessen des Gegenübers herrscht.

Danach erst geht es schlüssigerweise in das Verstehen der Emotionen über. Hier geht es um die Folgen und die Analyse der Emotionen. Es stellen sich Fragen wie: *„Mit welcher Art von Emotionen geht mein Gegenüber um und was bedeutet das für unsere Zusammenarbeit, den Gesprächsverlauf oder die Lösung der Aufgabe?"*

Sind Emotionen wahrgenommen und verstanden, geht es darum, konstruktiv mit ihnen umzugehen

Sind Emotionen wahrgenommen und verstanden, geht es darum, konstruktiv mit ihnen umzugehen. Hier geht es hauptsächlich um die eigene Person. Jeder hat eine bestimmte, bewusste Haltung zu seinem Selbstbild, seinen Bedürfnissen und Zielen und ist so in der Lage, Selbststeuerungsprozesse in Gang zu setzen, um Gefühle zu kontrollieren und einzuschätzen, wie viel Gewichtung Gefühl und Verstand haben dürfen.

Heute wird in erster Linie mit den Begrifflichkeiten von Daniel Goleman gearbeitet. Goleman hat die emotionale Intelligenz 1995 durch sein gleichnamiges Buch „emotionale Intelligenz" geprägt und bekannt gemacht. Er begreift emotionale Intelligenz als *„die Fähigkeit, unsere eigenen Gefühle und die anderer zu erkennen, uns selbst zu motivieren und gut mit Emotionen in uns selbst und in unseren Beziehungen umzugehen."* (Goleman, 1999)

Wir wollen uns dies jetzt etwas genauer anschauen. Vor allem auch in Hinblick auf Management und laterale Führung.

- SELBSTERKENNTNIS – MAN KENNT SEINE EIGENEN EMOTIONEN

Zunächst einmal muss man mit sich selbst umgehen können

Um vielleicht mit Emotionen anderer umgehen zu können, muss man zunächst einmal mit sich selbst umgehen können. Man muss sich selbst kennen, um andere führen, lenken und begleiten zu können. Das bedeutet, wir müssen unsere Emotionen kennen und sollten in der Lage sein, zu wissen, wann wir in welcher Art und Weise reagieren. Darüber hinaus führt es weiter, wenn wir erkennen können, welche Art von Emotionen uns zu welcher Art von Entscheidung gebracht hat – ein entscheidender Schritt beim Versuch, sich selbst und seine Emotionen zu verstehen.

- SELBSTKONTROLLE – MAN IST IN DER LAGE, MIT DEN EIGENEN EMOTIONEN UMZUGEHEN

  Im zweiten Schritt ist es nötig, wahrgenommene eigene Emotionen zu kontrollieren. Dies bedeutet einerseits, seinen Gefühlen nicht hilflos ausgeliefert zu sein und trotzdem motivierende Entscheidungen treffen zu können. Beispielsweise sollte die Abneigung gegenüber einer anderen Person nicht dazu führen, „kindliche Trotzreaktionen" zu zeigen und Entscheidungen zu treffen, die dieser Person schaden und nicht wirklich zielführend sind.

  Den eigenen Emotionen nicht hilflos ausgeliefert sein

- SELBSTMOTIVATION – EMOTIONEN KÖNNEN PRODUKTIV GENUTZT WERDEN

  Andererseits hilft eine Kontrolle auch, Emotionen in die richtige Richtung zu lenken und sie so als ein Werkzeug des eigenen Antriebs zu nutzen. Wichtig ist dies natürlich auch gerade dann, wenn die Motivation nicht hundertprozentig vorhanden ist. Speziell in diesem Fall ist es nötig, eigene Ressourcen mobilisieren zu können, um wieder motiviert in der Lage zu sein, eine Aufgabe zu bewältigen und seine Mitarbeiter „mit ins Boot zu holen".

  Emotionen in die richtige Richtung lenken und sie als Werkzeug des eigenen Antriebs nutzen

- EMPATHIE – EINFÜHLUNGSVERMÖGEN IN ANDERE

  Als Empathie bezeichnet man die Bereitschaft und Fähigkeit, die Erlebensweise anderer Menschen zu verstehen, nachzuvollziehen, sich in andere einzufühlen. Empathisch sein bedeutet also mehr als nur sich selbst wahrzunehmen und darauf eingehen zu können, was den Gesprächspartner emotional bewegt. Andere Menschen zu akzeptieren, Verständnis für ihr Handeln aufzubringen und sie mit Respekt zu behandeln sind Grundlagen der Empathie. Dies kann ein nicht zu unterschätzendes Hilfsmittel sein, um Mitarbeiter zu führen. Je mehr Hierarchien und traditionelle Strukturen aufgelöst werden, desto mehr bieten Empathiefähigkeiten die Chance, neue und tragende Orientierungspunkte für den Umgang mit anderen zu finden. Wir werden

  Die Fähigkeit, sich in andere einzufühlen, kann ein nicht zu unterschätzendes Hilfsmittel sein, um Mitarbeiter zu führen

in Kapitel 6.6 über Motivation noch näher auf die Bedeutung der Empathie eingehen.

- Soziale Kompetenz – konstruktiver Umgang mit Beziehungen

Fähigkeit, Kontakte und Beziehungen zu anderen Menschen herzustellen und diese Beziehungen auch pflegen und aufrechterhalten zu können

Unter sozialer Kompetenz versteht man z.B. die Fähigkeit, Kontakte und Beziehungen zu anderen Menschen herzustellen und diese Beziehungen auch pflegen und aufrechterhalten zu können. Hier geht es also um die Gestaltung des Bezugs zum eigenen sozialen Umfeld. Sowohl im Privaten als auch in der Berufswelt bedeutet dies auch, über ein gutes Konfliktmanagement zu verfügen (siehe Kapitel 6.8 zum „Konflikt"), was wiederum eng mit Führungsmanagement und somit dem erfolgreichen Umgang mit einzelnen Mitarbeitern oder Teams zu tun hat.

Wir sind in der Lage, uns für diese Prozesse zu sensibilisieren und zunehmend bewusster damit umzugehen – in der Regel mit fortschreitendem Alter und/oder entsprechender Erfahrung umso besser.

Es geht hier um mehr als das Vorhandensein und Wahrnehmen von Gefühlen und Stimmungen bei sich oder anderen. Eine gute emotionale Intelligenz bedeutet vielmehr im ersten Schritt, mit den eigenen Emotionen konstruktiv umzugehen, um dann im zweiten Schritt Emotionen im Rahmen der Gestaltung des sozialen Umfelds zu nutzen.

In Bezug auf laterales Führen bedeutet emotionale Intelligenz, die Energie der bei anderen wahrgenommenen Emotionen konstruktiv und motivierend im Sinne der Umsetzung gesteckter Ziele nutzen zu können.

Viele der Themen, die wir bis jetzt zum Bereich lateraler Führung angesprochen haben, erfordern also emotionale Intelligenz – die somit eine wichtige Grundlage der Befähigung zur Mitarbeiter- und Teamführung ist.

Wir möchten nicht vorenthalten, dass es durchaus widersprüchliche Meinungen zur Bedeutung der emotionalen Intelligenz gibt. Während Howard Gardner von der Harvard Universität sogar so weit geht zu sagen, dass der Einbezug der emotionalen Intelligenz ein fehlendes Puzzleteil in der Intelligenzforschung ist und sie als unabdingbarer Bestandteil unseres Lebens den beruflichen Erfolg mindestens ebenso prägt wie Kompetenz und Leistungswille, hat der israelische Psychologe Moshe Zeidner in Untersuchungen nachzuweisen versucht, dass berufliche Fähigkeiten und beruflicher Erfolg nicht im Zusammenhang mit emotionaler Intelligenz stehen.

Die Wahrheit liegt sicher irgendwo dazwischen und soll hier auch nicht weiter bewertet werden. Letztlich ist es nur wichtig, sich darüber klar zu werden, wie und in welcher Gewichtung emotionale Intelligenz zu Führungszwecken herangezogen werden kann.

6.5.6 Nonverbale Kommunikation

Immer wenn wir uns mit dem Bereich der Kommunikation beschäftigen, muss auch der Teil der „nonverbalen Kommunikation" angesehen werden. Mittlerweile sind viele Wissenschaftler davon überzeugt, dass sie in der Interaktion einen wesentlich höheren Stellenwert einnimmt als die verbale Kommunikation.

Albert Mehrabian, Psychologieprofessor an der Universität von Kalifornien, führte ein Experiment zur Bedeutung der Inhalte eines Textes und den damit verbundenen nonverbalen Botschaften durch. Hierzu ließ er von Sprechern unterschiedliche Texte lesen, die entweder negative, positive oder neutrale Worte beinhalteten, die mitunter sinnentfremdend betont wurden. Die Sprecher waren also angewiesen, zum Beispiel auch positive Worte mit einer bedrohlichen Stimmlage vorzutragen und negative Worte mit sanfter, freundlicher Stimme. Die Lesungen wurden auf Tonband aufgezeichnet und Versuchspersonen vorgespielt, die gefragt wurden, welche Art von Beziehung sie zwischen den Sprechern und den Adressaten der Texte vermuteten.

Experiment zur Bedeutung nonverbaler Kommunikation

Es erwies sich, dass die Beurteilung der Art der Beziehung sich sehr stark danach richtete, mit welcher Betonung gelesen wurde. Also führten z.B. positive Worte, die mit negativer Betonung gelesen wurden, dazu, dass auch das Verhältnis zwischen Sprecher und Adressat als eher negativ eingeschätzt wurde. Umgekehrt wurde bei negativen Worten mit positiver Betonung unterstellt, dass die Beziehung eher positiv sein müsse.

Als Fortführung des Experiments wurden den Versuchspersonen, die wieder die Texte in unterschiedlicher Betonung gehört hatten, zusätzlich auch noch Bilder der Sprecher gezeigt, die aufgefordert waren, typische Gesten einzunehmen, die etwas Negatives, Positives oder Neutrales ausdrückten. Auch hier zeigte sich, dass mehr Fokus auf Gestik und Mimik gelegt wurde, als auf die eigentliche Wortwahl.

Lediglich sieben Prozent der Wirkung einer kommunikativen Botschaft werden durch den verbalen Inhalt bestimmt

Die Erkenntnisse aus diesen Experimenten und ähnlichen Versuchen mit Präsentationen vor Gruppen führten zur Aufstellung der sog. 55-38-7-Regel. Sie besagt, dass 55 Prozent der Wirkung einer kommunikativen Botschaft durch Körpersprache, also Körperhaltung, Gestik und Augenkontakt, 38 Prozent durch die Stimmlage und nur sieben Prozent durch den verbalen Inhalt bestimmt werden.

Wir würden nicht so weit gehen zu sagen, dass generell der Inhalt eines Themas nur sieben Prozent der Wirkung ausmacht. Dies hängt sicher von der jeweiligen Situation ab oder dem, was vermittelt werden soll. Eine Rede zur Wahl der Miss Germany oder die Erklärung, wie man eine Exceltabelle anlegt, wird sicher nicht mit der gleichen inhaltlichen Gewichtung bewertet. Hier gibt es ganz eindeutig unterschiedliche Prioritäten und Wahrnehmungen. Jedoch zeigt sich trotzdem, dass immer dann, wenn es darum geht, ein „Gesamtpaket" zu verkaufen, der nonverbale Ausdruck einen wesentlich höheren

Wir neigen dazu, uns zu sehr auf das Inhaltliche zu konzentrieren

Stellenwert hat, als wir üblicherweise glauben. Wir neigen dazu, uns bei Verhandlungen, Diskussionen, Mitarbeitergesprächen etc. zu sehr auf das Inhaltliche zu konzentrieren. Die Körpersprache wird dabei gern vergessen. Doch immer dort, wo Kommunikation stattfindet, geschieht dies auch nonverbal („*Man kann nicht nicht kommunizieren!*" Paul Watzlawick).

So schätzen wir innerhalb von Sekunden die Glaubhaftigkeit von jemandem ein, dem wir zum ersten Mal begegnen. Wir taxieren unbewusst Aussehen, Kleidung, Körperhaltung, Gestik und Mimik und Stimmlage. Etwa 95 Prozent des ersten Eindrucks ergeben sich so aus der Wirkung nonverbaler Faktoren und nur fünf Prozent aus dem, was der Betreffende sagt.

Sich der eigenen Körpersprache bewusst sein und nonverbale Signale anderer deuten lernen

Für Gespräche mit Mitarbeitern oder Teamkollegen bedeutet dies zum einen, dass wir uns unserer eigenen Körpersprache sehr bewusst sein sollten, aber auch lernen müssen, die Signale unserer Gesprächspartner zu deuten, damit wir Gesprächs- oder Verhandlungssituationen nicht hilflos ausgeliefert, sondern Herr der Situation sind.

KÖRPERSPRACHE ALS VERTRAUENSBILDENDE MASSNAHME

Körpersprache hat viel damit zu tun, ob wir authentisch wirken oder nicht. Wenn alles stimmig ist, das heißt, jemand wirklich in Einklang mit dem ist, was er sagt, wird die Körpersprache in der Regel seine Worte unterstützen. Alle nonverbalen Signale sind dann eine Hilfe, dem Gesprochenen mehr Bedeutung zu verleihen und eindringliche Akzente zu setzen.

Passende nonverbale Signale verstärken die verbale Aussage

Wenn ein Chef beispielsweise von *„wir"* und *„wir zusammen im Team"* redet und dabei seine Arme in einer umfassenden Geste weit öffnet, stärkt und unterstützt dies seine Worte. Das *„Wir"* in seiner Rede erhält noch einmal Nachdruck durch diese Geste des Allumfassenden.

Man stelle sich nun aber vor, der Chef nutzt die gleichen Worte und tippt oder schlägt sich dabei jeweils immer an die eigene Brust. Es entsteht ein Widerspruch in sich. Das gesprochene *„Wir"* wird zu einem nonverbal vermittelten *„Ich"*. Die Zuhörer werden höchstwahrscheinlich nicht konkret benennen können, dass der Chef sich in verbaler und nonverbaler Aussage widerspricht, aber sie werden mit ziemlicher Sicherheit ein ungutes Gefühl haben und nicht von der Rede des Chefs überzeugt sein. Es fehlt die Authentizität. Jeder von uns kennt solche Situationen aus dem eigenen Erfahrungsbereich. Es ist das, was wir gemeinhin als „Bauchgefühl" oder Intuition bezeichnen. Wir haben ein gutes oder schlechtes Gefühl zu einer bestimmten Situation, ohne unbedingt erklären zu können, woran wir das festmachen.

Widersprüche zwischen nonverbalen Signalen und verbaler Aussage irritieren und verunsichern

Ein weiteres Phänomen, über das Vertrauen, Akzeptanz und ein Gefühl des Angenommenseins entsteht, ist die Angleichung und Spiegelung körpersprachlichen Verhaltens. Im Alltag machen wir dies oft unbewusst. Ist uns jemand sympathisch, gleichen wir unsere Körpersprache der des anderen an. Beobachtet man Personen, die sich offensichtlich sympathisch sind, wird man feststellen, wie sie unbewusst die Körpersprache des anderen zu übernehmen versuchen. Sie sitzen z.B. in der gleichen Art und Weise, die Kopf- oder Handhaltung ist die gleiche oder Gesichtsausdrücke gleichen sich an. Nicht umsonst empfindet man bei Paaren, die schon sehr lange glücklich verheiratet sind, dass sie sich „irgendwie ähnlich" sehen.

Angleichung und Spiegelung körpersprachlichen Verhaltens

Dieses Phänomen bewusst einzusetzen, kann dazu dienen, mehr Vertrauen und Wohlbefinden in ein Gespräch zu bringen. Wie so oft, ist hier die Grenze zwischen Überzeugung und Manipulation fließend. Wenn ein Verkäufer durch bewusstes Spiegeln der Körperhaltung seines Kunden Vertrauen erweckt, um dessen Bedenken gegen den Kauf leichter aus dem Weg räumen zu können, ist das unseriös, da der Kunde seine Kaufentscheidung nicht völlig vor dem Hintergrund rationalen Abwägens treffen wird. Spiegelt man die Haltung seines Gegenübers dagegen, um im Sinne eines gemeinsamen Ziels die eigene Botschaft zu unterstreichen, ist das legitim.

Immer spielen in Bezug auf die Wirkung nonverbaler Signale auch die äußeren Umstände eine große Rolle. Wie ist mein Befinden in dem Moment der Begegnung, wie ist das Umfeld, welche Assoziationen habe ich – oder der andere – zu der entsprechenden Situation? Dies alles sind Faktoren, die bestimmend für den ersten Eindruck sind.

Trotz negativen Eindrucks sollte immer die Bereitschaft bestehen, sich eines Besseren belehren zu lassen

Das Problem liegt hier auf der Hand. Wenn so viele äußere Umstände mein Urteil beeinflussen, kann es schnell zu Fehleinschätzungen kommen, die oft nicht revidiert werden. Bei allem Vertrauen in die Intuition ist also trotzdem große Achtsamkeit geboten und sollte immer die Bereitschaft bestehen, sich trotz negativen Eindrucks eines Besseren belehren zu lassen.

Im Bereich der Führung immer dann, wenn überzeugt werden, für eine Idee begeistert werden und ein gemeinsames Ziel angestrebt werden soll, ist die Körpersprache ein sehr bedeutendes und hilfreiches Instrument. Wie sollte nun eine gute, gelungene Körpersprache aussehen, abgesehen davon, dass sie zu den übermittelten Botschaften passen und somit authentisch sein sollte?

Distanzzonen

Es gibt bestimmte Distanzen zu anderen, die wir unbewusst einhalten

Zunächst einmal müssen wir uns im Raum verorten und dabei gilt es zu beachten, dass Menschen unterschiedlich empfindlich auf Nähe reagieren. Es gibt bestimmte Distanzen, die wir – meist auch wieder unbewusst – einhalten und damit auch einen gewissen Respekt dem Gegenüber zeigen.

Man spricht bis zu einer Distanz von circa 50 cm von der INTIMEN DISTANZZONE. Normalerweise ist diese Nähe engen

Familienangehörigen, Lebenspartnern, Kindern usw. vorbehalten. Wird diese intime Distanzzone von jemandem durchbrochen, der nicht in diese Kategorie von Personen gehört und uns buchstäblich „auf die Pelle rückt", empfinden wir ein sehr starkes Unwohlsein und reagieren nervös und unsicher. Evolutionsbiologisch ist dies mit einer natürlichen Schutzfunktion zu erklären. Wir fühlen uns bedroht und angegriffen. Die Nähe ist einfach zu groß, um gegebenenfalls ausweichen oder sich schützen zu können. Wir sind verletzlich!

Die nächste Zone ist die PERSÖNLICHE DISTANZZONE. Man geht davon aus, dass sie zwischen 0,50 und 1,5 Metern liegt. Hier dürfen sich gute Bekannte, Verwandte etc. aufhalten. Wenn man jetzt an Situationen z.B. im Kino oder bei einem Seminar denkt, wird diese Distanzzone ständig unterschritten, ohne dass wir uns übermäßig unwohl fühlen. Dies liegt daran, dass wir es in erster Linie dann als bedrohlich empfinden, wenn sich andere von vorn oder von hinten nähern. Im Kino dagegen wird die persönliche Distanz seitlich unterschritten und wir können hier die Nähe besser dulden. Geraten wir in überfüllten öffentlichen Verkehrsmitteln oder einem Fahrstuhl aneinander, zeigt sich ein interessantes Verhalten. Wir versuchen die betreffende Person einfach zu ignorieren, in dem wir den Blickkontakt vermeiden und uns innerlich aus der Situation „herausziehen". Dies Verhalten erinnert manchmal an kleine Kinder, die die Augen schließen, weil sie glauben, dass man sie dann nicht sieht.

In der SOZIALEN DISTANZZONE, im Bereich zwischen 1,5 bis drei Metern wird es unpersönlicher. Körperkontakt ist hier nicht möglich. Evolutionsbiologisch ist davon auszugehen, dass es ein Gefühl der Sicherheit vermittelt, wenn diese Distanz eingehalten wird. Sie ist also Fremden vorbehalten, wie z.B. Geschäftspartnern, der Verkäuferin im Kaufhaus etc.

Die ÖFFENTLICHE DISTANZ beginnt bei etwa drei Metern. Wir finden sie etwa in der Bestuhlung von Seminaren als Abstand zwischen dem Dozenten und den Reihen der Seminarteilnehmer.

Um eine gute Atmosphäre in einem Gespräch zu erreichen, ist es wichtig, diese Distanzzonen einzuhalten. Legt man beispielsweise einer Person, mit der man vertraut ist, während des Sprechens leicht die Hand auf den Arm, kann das Aufmerksamkeit wecken oder – mit mehr Nachdruck – die Botschaft

Um eine gute Atmosphäre in einem Gespräch zu erreichen, ist es wichtig, Distanzzonen einzuhalten

verstärken. Die gleiche Geste bei einer Person, zu der nur sporadisch Kontakt besteht, wirkt irritierend oder anbiedernd.

ARME UND HÄNDE: EINE OFFENE GESTIK WECKT VERTRAUEN

Arme und Hände machen einen entscheidenden Teil der Gestik aus, wenn wir etwas mitteilen wollen. Von Bedeutung ist, auf welcher Höhe sich die Hände bzw. die Arme befinden. Als Richtungsmerkmal wird hier die Taille als Ausgangspunkt genommen. Befinden sich die Hände unterhalb der Taille, wird dies als negative Geste wahrgenommen. Gesten oberhalb der Taille als positiv. Es gibt hier Einschränkungen, wenn es um den Bereich von Hals und Gesicht geht.

Hände unterhalb der Taille werden als negative Geste wahrgenommen, oberhalb der Taille als positiv

Oft legen Personen beim Reden ihre geöffnete Hand an den Hals, wie eine Art Würgegriff. Als solcher wird er auch vom Gegenüber gewertet. Sie würgen sich selbst ab, zeigen, dass das Gesagte lieber ungesagt geblieben wäre.

Sich ins Gesicht zu fassen, verrät Unsicherheit

Wer seine Hände im Gesicht hat, verrät sich hingegen sofort als unsicher. Dies ist eine ganz typische, häufig benutzte Geste, wenn jemand sich nicht wohlfühlt. Wir können dies besonders gut im Fernsehen beobachten, wenn Zuschauer in Unterhaltungssendungen unvermittelt auf die Bühne gebeten werden. Für jeden, der nicht gerade ständig in der Öffentlichkeit steht, ist dies eine besonders unangenehme Situation. Während des Weges vom Sitzplatz hin zur Bühne fühlt man sich beobachtet und unsicher. Hier kann man fast immer beobachten, dass die Personen sich ins Gesicht fassen. Dies wird meist als funktionale Geste „getarnt", man tut also so, als ob man sich kratzen müsse oder ein paar Haare wieder an die richtige Stelle bringen wolle.

Es gehört für den Gesprächspartner nicht viel Übung dazu, eine solche Geste zu entlarven. In Verhandlungen beispielsweise zeigt sie dem Verhandlungspartner genau an, wann er zum entscheidenden „Schlag" ausholen kann. Auch eine Führungsperson, die versucht, die Mitarbeiter von einer Sache zu überzeugen, wird unglaubwürdig, wenn solche Gesten der Unsicherheit auftreten. Die Angewohnheit, sich ins Gesicht zu fassen, ist aber relativ schnell unter Kontrolle zu bringen, wenn man sich seine Körpersprache bewusst macht.

Da unsere Hände Werkzeuge sind – oder auch manchmal Waffen – ist es für den Zuschauer wichtig, die Hände sehen zu können.

Sind die Hände auf dem Rücken oder in den Hosentaschen verschwunden, kann auch dies vom Gegenüber als negative Geste bewertet werden. Außerdem sollten die Handflächen sichtbar sein. Dies bedeutet, offene Gesten darzustellen. Dies vermittelt mehr Sicherheit und sagt dem Gesprächspartner, dass sie nichts „zu verstecken" haben.

Sichtbare, offene Hand-flächen wirken Vertrauen erweckend

Wenn Redner vom Fehlverhalten oder falschen Entscheidungen anderer berichten, begleiten sie dies oft unbewusst mit einem Schulterzucken, das signalisieren soll, dass sie ihre Hände in Unschuld waschen und für die Situation nicht verantwortlich sind. Auf die Zuhörer wirkt diese Geste aber ganz im Gegenteil wie ein Schuldeingeständnis des Redners. Damit ist dieser dann mit einem negativen Aspekt behaftet, für den er eigentlich gar keine Verantwortung trägt.

Die Art des Händedrucks zur Begrüßung hat in westlichen Kulturen eine wichtige Signalwirkung. Ein schlaffer Händedruck vermittelt Inkompetenz und mangelndes Selbstvertrauen, ein zu starker wirkt dagegen anmaßend und aufschneiderisch. Ein zu langer Händedruck kann aufdringlich oder anbiedernd wirken.

Der Händedruck sollte nicht zu leicht und nicht zu fest sein

AUGENKONTAKT: DIE AUGEN SIND DIE FENSTER DER SEELE

Die Augen sind die Fenster der Seele, so heißt es, und deshalb ist Augenkontakt die vertrauensbildende Maßnahme schlechthin. Immer, wenn jemand unserem Blick ausweicht oder einen Augenkontakt nicht länger halten kann, bewahrheitet sich die Tatsache, dass der Körper nicht lügen kann: Wir spüren, dass er etwas zu verbergen hat.

Augenkontakt ist die vertrauensbildende Maßnahme schlechthin

EIN LÄCHELN ÖFFNET TÜREN

Ein offenes Lächeln wirkt sympathisch und ansteckend und wir schaffen damit eine angenehme Atmosphäre. Im Unterschied zu einem lediglich aufgesetzten Lächeln, das schnell entlarvt ist oder als Ironie oder Zynismus bewertet wird, spiegelt sich ein echtes Lächeln auch in den Augen wider. Wenn Sie während des Telefonierens in einen Spiegel schauen und dabei lächeln, erkennt dies Ihr Gegenüber sogar an Ihrer Stimme.

Leider neigen wir viel eher dazu, mit unserer Körpersprache negative Äußerungen zu verstärken als nonverbal positive Ak-

Zunächst darauf achten,
negative Gesten
zu vermeiden

zente zu setzen. Wenn wir lernen wollen, bewusster mit unserer Körpersprache umzugehen, ist es also sinnvoll, zunächst darauf zu achten, negative Gesten zu vermeiden. Erst im zweiten Schritt sollte dann geübt werden, bewusst die positiven Aussagen körpersprachlich zu unterstreichen.

6.5.7 Die Bedeutung des Feedbacks

Da Kommunikation der Beeinflussung dient, verläuft sie niemals in einer Einbahnstraße, sondern es gibt immer in die Richtung des Senders und des Empfängers einen Austausch. Der Rückmeldung, dem Feedback kommt dabei eine wesentliche Rolle zu.

Auf der prozeduralen Ebene muss gewährleistet sein, dass Botschaften beim Gegenüber auch richtig ankommen

So muss auf der prozeduralen Ebene zunächst einmal gewährleistet sein, dass Botschaften einer Führungskraft oder eines Teammitglieds beim Gegenüber auch richtig ankommen, verstanden und vor allem auch akzeptiert werden, um ein optimales Ergebnis erzielen zu können. Es gibt also immer Bedarf für Nachfragen, eventuellen Klärungsbedarf, Bedenken und Alternativvorschläge.

Selbstbild und Fremdbild

Feedbacks leisten aber noch viel mehr. Sie zeigen, wie man selbst vom Gegenüber gesehen wird und ob das Bild, das man sich von sich selbst macht, mit der Wahrnehmung anderer übereinstimmt.

Im Zusammenhang mit dem fundamentalen Attributionsfehler (siehe Kap. 6.5.1) haben wir bereits dargelegt, wie durch selektive Wahrnehmung ein Bild von einer Person entstehen kann, das dieser in keiner Weise gerecht wird. Unser soziales Umfeld nimmt eben immer nur kleine Ausschnitte unserer gesamten Persönlichkeit wahr. Mithilfe eines aktiv eingeforderten Feedbacks kann hier die Führungskraft Missverständnisse und Fehlinterpretationen ausräumen und somit das gegenseitige Verständnis fördern.

Feedback ist ein gegenseitiges Korrektiv, um Missverständnissen und Fehlentwicklungen vorzubeugen

Je eher über das gegenseitige Korrektiv des Feedbacks also offenbar wird, dass auf der einen Seite Mitarbeiter Informationen der Führungskraft über Hintergründe, Ziele und Motive falsch verstanden haben oder missinterpretieren und auf der anderen Seite die Führungskraft in Bezug auf die Mitarbeiter von falschen Voraussetzungen ausgeht, desto erfolgreicher können gemeinsame Ziele verfolgt werden.

Aber nicht nur unsere Umwelt nimmt von uns in bestimmten Situationen nur einen ganz geringen Teil dessen wahr, was eigentlich von Bedeutung ist, auch unsere Selbstwahrnehmung erfasst nicht unsere ganze Persönlichkeit.

Das sog. JOHARI-FENSTER (nach den Initialen der amerikanischen Sozialpsychologen Joseph Luft und Harry Ingham benannt) veranschaulicht die Zusammenhänge zwischen Selbst- und Fremdwahrnehmung:

Das sog. Johari-Fenster veranschaulicht die Zusammenhänge zwischen Selbst- und Fremdwahrnehmung

	mir selbst bekannt	mir selbst nicht bekannt
anderen bekannt	**Arena** A Feedback holen Informationen geben	blinder Fleck B
anderen nicht bekannt	geheim C	unbekannt D

Das JOHARI-Fenster

- Bereich A, die sog. ARENA, steht für den Teil unseres Verhaltens, der uns selbst und den anderen Personen der Gruppe bekannt ist. Unser Handeln ist frei und offen ersichtlich für uns selbst und andere.
- Bereich B, der des BLINDEN FLECKS, steht für den Teil unseres Verhaltens, der zwar für andere sichtbar, uns selber aber häufig nicht wirklich bekannt oder bewusst ist. Hierzu gehören bestimmte Gewohnheiten und Verhaltensweisen aufgrund von Abneigungen oder Präferenzen usw. In diesem Wahrnehmungsfenster können uns die anderen Informationen über uns selbst geben. Gibt die Umwelt hier keine Rückmeldungen, sollte entsprechendes Feedback nach Möglichkeit auch aktiv eingefordert werden.
- Bereich C beinhaltet den Bereich unseres Verhaltens und Denkens, den wir anderen bewusst nicht offenbaren. Wenn

wir es für sinnvoll erachten, können wir hier vertrauenswürdigen Personen mehr von uns preisgeben.

- Bereich D ist weder uns noch anderen sofort zugänglich, da hier tiefer liegende Verhaltensmuster und deren Motive liegen, die in der Regel für das Arbeitsumfeld aber nicht von unmittelbarer Bedeutung sind. Ihre Aufdeckung bedarf oft einer tiefenpsychologischen Betreuung.

Für die Beteiligten ist es wichtig, den Bereich der Arena für alle wahrnehmbar auszuweiten

Vergegenwärtigen wir uns an dieser Stelle, dass laterales Führen auf der Basis gegenseitigen Vertrauens und gemeinsam geteilter Wertvorstellungen dem Erreichen im Konsens entwickelter Ziele dient, wird ersichtlich, wie immens wichtig es für die Beteiligten ist, den Bereich der Arena für alle wahrnehmbar auszuweiten.

Eine gute Führungskraft zeichnet sich unter anderem dadurch aus, dass sie andere befähigt, sich selbst zu führen

Jeder Einzelne legt dafür die Voraussetzung, indem er den eigenen blinden Fleck verringert. Götz Werner, ehemaliger Geschäftsführer der Drogeriekette dm, ist der Meinung, dass eine gute Führungskraft sich unter anderem dadurch auszeichnet, dass sie andere befähigt, sich selbst zu führen. Um positiv auf die Mitarbeiter oder Kollegen einwirken zu können, muss die Führungskraft sich erst einmal selbst verstehen und erkennen. Dies ist wieder unmittelbar mit Authentizität verbunden, die nur erreicht wird, wenn jemand weiß, wer er ist und aus sich heraus handeln kann.

Erst wenn dies gewährleistet ist, kann individuell auf die Mitarbeiter eingegangen und so ein möglichst passender Arbeitsplatz gefunden werden. Bei dm setzt man auf die Förderung der individuellen Bedürfnisse der Mitarbeiter, sie sollen aus eigener Einsicht heraus handeln können.

Christian Harms, Geschäftsführungsmitglied und für den Unternehmensbereich Mitarbeiter beim Drogeriekonzern dm verantwortlich, sagt in einem Interview mit dem Online-Portal qm-web.de: *„Sicher ist das Menschenbild wesentlich, das hinter einer Unternehmenskultur steht und das gelebt wird: Sehe ich meine Kolleginnen und Kollegen als Menschen und Beteiligte oder als Untergebene? Und entscheidend ist auch die Antwort auf die Frage: Sind die Mitarbeiter für das Unternehmen da oder ist das Unternehmen für die Mitarbeiter da?"*

Neben dem kritischen Hinterfragen der eigenen Person geht es also wieder darum, wie die Mitarbeiter einer Firma gesehen werden, wie also das herrschende Menschenbild ist (siehe auch Kap. 4). Wir werden auf dieses Thema im nächsten Kapitel über Motivation noch näher eingehen.

Während vor einigen Jahren die Führung eines Unternehmens bzw. der Mitarbeiter noch ganz klar definiert war und es eine streng hierarchische Ordnung gab, die meist von einer mit absoluter Weisungsbefugnis ausgestatteten Führungsperson ausging, herrscht inzwischen doch Einigkeit darüber, dass Führung in jedem Fall auch bedeutet, sich selbst reflektieren zu können und empathisch auf andere einzugehen.

6.6 Motivation als treibende Kraft

Um Menschen zielbezogen lenken zu können, dürfen wichtige Instrumente nicht fehlen. Ein Schwerpunkt ist hier die Motivation. Sie sollten in Erfahrung bringen, was Kollegen und Mitarbeiter antreibt, was sie bewegt und dazu bringt, Höchstleistungen zu erzielen.

Jeder Mensch ist anders, wird von individuellen Motiven angetrieben und verfolgt individuelle Ziele. Für den einen ist es Ziel, im Unternehmen eine möglichst hohe Führungsposition einzunehmen. Der andere will dagegen seinen Job machen und trotzdem immer noch Zeit für die eigene Familie haben. Solch einem Mitarbeiter wäre mit einer Beförderung als Motivator wenig geholfen – im Gegenteil, sie würde ihn eher demotivieren, da er mehr Zeit auf seinen Beruf verwenden müsste.

Dennoch gibt es einige grundlegende Faktoren der Motivation, die die Zufriedenheit am Arbeitsplatz fördern und zu besseren Leistungen befähigen können.

Nur wenn bewusst auf diese Faktoren eingegangen wird, können Menschen zu Höchstleistungen beflügelt werden. Im Folgenden, haben wir einige ganz grundlegende Bedürfnisse herausgestellt, die als allgemein gültig vorausgesetzt werden dürfen.

Grundlegende Faktoren der Motivation, die die Zufriedenheit am Arbeitsplatz fördern und zu besseren Leistungen befähigen können

6.6.1 Gemeinsamkeit und Wir-Gefühl stärken die Leistungsbereitschaft

Jeder Mensch fühlt sich gern einer Gruppe angehörig, daher sollte man in seinem Unternehmen dafür sorgen, dass Teamgeist gefördert wird, soweit es der Arbeitsplatz zulässt. Wird der Zusammenhalt der Mitarbeiter gestärkt, werden höhere Erfolge bei der Arbeit erzielt.

Gemeinsamkeit als Kraft ist hier das „Rezept". Jeder weiß aus dem Privatleben, wie einflussreich und stark Gemeinsamkeit sein kann. Bei Jugendlichen reden wir von Gruppen Gleichaltriger, den sog. „Peergroups", die einen starken Einfluss auf die Entwicklung des Einzelnen nehmen. Die Ausbildung einer Gruppenidentität, eines verbindenden WIR-GEFÜHLS ist allgegenwärtig als Hilfe für mehr Stärke und Sicherheit. Gemeinsamkeitsgefühl kann eine sehr hohe Dynamik erzeugen und damit allein aufgrund der Tatsache eines Gruppenzusammenhalts Energie, Konzentration und Zielstrebigkeit hervorrufen.

Gemeinsamkeitsgefühl kann eine sehr hohe Dynamik erzeugen

Macht und Wirksamkeit von Gruppen belegt ein Versuch, den der polnisch-amerikanische Gestaltpsychologe Solomon Asch 1951 durchführte, der auch unter dem Namen Konformitätsexperiment bekannt geworden ist.

Das Konformitätsexperiment von Solomon Asch

In einer Gruppe wurden in 18 Durchgängen die Längen verschiedener Linien miteinander verglichen, von denen jeweils immer zwei signifikant gleich lang waren. Bis auf die tatsächliche Versuchsperson waren alle anderen Gruppenmitglieder Teil des experimentalen Settings und folgten den Anweisungen des Versuchsleiters, in zwölf Durchgängen absichtliche Fehleinschätzungen abzugeben. In 37 Prozent der Fälle schloss sich die Versuchsperson dem absichtlichen Fehlurteil der anderen Gruppenmitglieder an und beschied, dass zwei ganz offensichtlich gleich lange Linien von unterschiedlicher Länge seien. Gab es einen Abweichler innerhalb der Gruppe, der ein noch offensichtlich falscheres Urteil abgab als die Mehrheit, fasste die Versuchperson den Mut, auch die eigene abweichende (richtige) Meinung zu vertreten. Stimmte ein weiteres Gruppenmitglied entgegen dem Mehrheitsvotum der abweichenden Meinung der Versuchsperson zu, beharrte diese ebenfalls auf der richtigen Meinung.

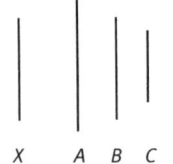

X   A   B   C

Entspricht die Länge von X A, B oder C?

Das Experiment zeigt sehr eindrücklich, wie sehr Personen sich innerhalb einer Gruppe beeinflussen lassen und welch starker Konformitätsdruck von einer Gruppe ausgehen kann.

Jeder von uns hat sicher selbst auch schon die Erfahrung gemacht, wie sehr man sich verunsichert fühlt, wenn man plötzlich die eigene Meinung oder das erzielte Ergebnis gegen alle anderen verteidigen muss oder man mit der eigenen Meinung in einer größeren Gruppe völlig isoliert dasteht.

Wird diese Gruppenenergie nun positiv kanalisiert und genutzt, kann sie starke Leistungspotenziale entfalten.

Das Experiment sensibilisiert aber auch dafür, dass bei aller positiven Gruppenenergie immer darauf geachtet werden muss, dass Ansichten und Meinungen einzelner Gruppenmitglieder nicht in der Stärke der Gruppe verschwinden dürfen.

6.6.2 Koalitionen zur Meinungsbildung nutzen

Gruppen wirken nicht nur leistungsverstärkend, sondern können auch im Rahmen der Meinungsbildung zur Motivation beitragen. So ist eine entsprechende Möglichkeit der bewussten Einflussnahme der Zusammenschluss mehrerer Akteure in einer Koalition. Die Wirksamkeit einer Koalition wird durch die Anzahl der Teilnehmer und die Geschlossenheit ihres Auftritts erreicht. Aufgrund der Bündelung erhält auch die Intention eine Verstärkung. Aussagen werden zwar durch die Anzahl der Akteure, die sie aussprechen, nicht richtiger, aber sie gewinnen zunehmend an Einfluss.

Gruppen können auch im Rahmen der Meinungsbildung zur Motivation beitragen

Diese Tatsache ist für eine Führungskraft von großer Bedeutung. Sie bietet die Möglichkeit, Einfluss zu nehmen, indem Gruppenmitglieder auf die eigene Seite gezogen werden. So kann die Führungskraft indirekt lenken, ohne dass sich Teammitglieder, die noch zu überzeugen sind, direkt bevormundet fühlen und gewissermaßen automatisch in eine Abwehrhaltung gehen.

Über Koalitionen kann die Führungskraft indirekt lenken, ohne dass sich bestimmte Teammitglieder direkt bevormundet fühlen

Hierzu ein Beispiel: *Sie wollen in Ihrer Abteilung, die Sie gerade übernommen haben, eine aktuellere Software zur Warendisposition einsetzen und haben auch schon ein Programm im Auge, mit dem Sie schon in Ihrer letzten Firma gearbeitet haben und von dem Sie wissen, welch große Arbeitserleichterung es für Ihr jetziges Team sein wird. Sie wissen aber auch, dass die Herren Müller und Meier prinzipiell gegen die Einführung neuer Software sind, weil sie auf das einfache und bewährte System vertrauen und bei komplexeren Anwendungen zunehmende Fehleranfälligkeit befürchten und natürlich den zusätzlichen Arbeitsaufwand vermeiden wollen, sich mit der neuen Software auseinandersetzen zu müssen. Die anderen Teammitglieder dagegen sind relativ unvoreingenommen und haben noch keine gefestigte Meinung zu diesem Thema.*

Ein Beispiel

Wenn Sie nun eine Teamsitzung einberufen und versuchen, so überzeugend wie möglich die Vorzüge der neuen Software herauszustellen, werden Sie wahrscheinlich trotz aller guten

Argumente auf den geballten Widerstand der Herren Müller und Meier treffen, die ihrerseits versuchen werden, möglichst viele Ihrer Argumente zu widerlegen. Der Rest des Teams wird schweigend zuhören und sich letztlich wahrscheinlich gegen Ihre neue Software entscheiden, da wir Menschen ja bekanntlich ungern von Altbewährtem Abschied nehmen, um uns auf neue „Risiken" einzulassen.

Wie könnte sich diese Situation nun mithilfe der Koalitionsbildung besser entwickeln?

Sie könnten schon vor der offiziellen Teamsitzung einzelne Teammitglieder ansprechen: „Schauen Sie mal, Frau Jäger. Ich habe vor, eine neue Software einzuführen, die ich bereits erfolgreich in meiner letzten Firma angewendet habe und von der gerade Sie begeistert sein dürften, weil Sie Ihnen aus folgenden Gründen den Arbeitsalltag erheblich erleichtert: Sie müssen damit nun nicht länger ..., sondern können gleich ..."

Wenn Sie so mehrere für die Vorteile Ihrer Software empfängliche Gruppenmitglieder ansprechen, haben Sie mit einer solchen, im Vorfeld der eigentlichen Sitzung geschmiedeten „Hausmacht" im Rücken bedeutend bessere Chancen, Ihr Projekt durchzubringen. Sie müssen weder ein Machtwort sprechen, noch bringen Sie die Herren Müller und Meier gegen sich auf, die nicht auf ihren Vorbehalten bestehen werden, wenn dies offensichtlich nicht dem Gruppeninteresse entspricht.

Koalitionen zu bilden, ist eine Art der Einflussnahme, die es erlaubt, etwas zielförderndes durchzusetzen, ohne eine direkte Anweisung geben zu müssen oder − aufgrund fehlender Weisungsbefugnis − zu können. Manchmal ist es aber auch einfach in der jeweiligen Situation oder Teamkonstellation nicht sinnvoll, mit direkter Anweisung zu arbeiten.

Es sollte aber immer bedacht werden, dass auch die jeweils „andere Seite" mit dieser Technik der Einflussnahme arbeiten könnte und der Effekt der Koalitionsbildung auch mikropolitisch genutzt werden könnte, um so das Erreichen gesetzter Ziele möglicherweise zu untergraben.

6.6.3 Jedem Mitarbeiter seine Aufgabe

Menschen streben auf die unterschiedlichste Weise nach Anerkennung, bei Freunden, Familienangehörigen, aber natürlich auch am Arbeitsplatz. Im beruflichen Bereich sucht der

Mitarbeiter nach dieser Wertschätzung in einer Form von interessanten und ihn begeisternden Inhalten, beruflichem Aufstieg oder finanziellen Belohnungen. Erkennt man die individuellen Leistungsmotive, hat man die Möglichkeit, Kollegen und Mitarbeiter in einer entsprechenden Form zu fordern und somit deren Motivation und Selbstvertrauen zu forcieren und Erfolge in seinem Unternehmen zu verzeichnen.

Jedoch ist Motivation sehr viel fassettenreicher und bedarf stets mehrerer Wege, um erfolgreich zu sein. Deswegen möchten wir hier die Möglichkeiten, aber auch die Grenzen der Motivation näher beleuchten und daraus resultierende Tipps zur Eigenmotivation und der Motivation von Mitarbeitern geben.

Ganz allgemein gilt immer, dass die Tätigkeit des Mitarbeiters zur Art seiner Leistungsmotivation passen muss. Wer also zum Beispiel über besonders viel Selbstdisziplin verfügt, ist dort erfolgreich, wo stark strukturiertes Arbeiten verlangt wird. Man kann sich vorstellen, dass eine solche Person in kreativen Bereichen eher weniger erfolgreich sein wird. Es ist also sinnvoll, genau hinzusehen, welcher Mitarbeiter für welchen Aufgabenbereich eingesetzt werden soll.

Ganz allgemein gilt immer, dass die Tätigkeit des Mitarbeiters zur Art der Leistungsmotivation passen muss

Hierbei hilft die Unterscheidung nach Leistungstypen, wie sie z.B. folgendermaßen aussehen kann:

Unterschiedliche Leistungstypen

- Der INTRINSISCH MOTIVIERTE geht in seiner Aufgabe völlig auf, die ihm als solche wichtig ist. Im besten Fall befindet er sich im sog. Flow, ein Begriff des ungarischen Psychologen Mihaly Csikszentmihalyi, der einen Glückszustand beschreibt, in dem jemand zeit- und selbstvergessen völlig in seine Tätigkeit versunken ist.
- Der EXTRINSISCH MOTIVIERTE sieht dagegen auf das Ergebnis. Ihm ist die Tätigkeit Mittel zum Zweck, um etwas Bestimmtes für sich zu erreichen.
- Der WACHSTUMSORIENTIERTE TYP ist besonders daran interessiert, zu lernen und Erfahrungen zu machen, die ihn persönlich weiterbringen.
- Der KOMPETITIVE TYP will besser und erfolgreicher sein als andere und entwickelt gerade in Konkurrenzsituationen hohe Leistungsfähigkeit.
- Der VERMEIDER schließlich meidet Leistungssituationen aus Angst vor möglichen Misserfolgen und sucht bei auftauchenden Schwierigkeiten sofort nach Unterstützung.

Jeder dieser fünf Typen kann durchaus erfolgreich sein. Die Voraussetzung hierfür ist: Die Aufgabe muss zu seinem Motivationstyp passen.

Während der intrinsisch Motivierte gut für Spezialaufgaben geeignet ist, die hohe Konzentration erfordern und an einem anderen Arbeitsplatz todunglücklich wäre, kann der extrinsisch Motivierte vielleicht für wechselnde Aufgaben gewonnen werden, wenn Anerkennung oder Entlohnung stimmen. Der Wachstumsorientierte kann in innovativen Projekten eingesetzt werden und in Situationen, in denen neue Herangehensweisen gefragt sind. Der kompetitive Typ ist vielleicht im Außendienst auf stark umkämpften Märkten besonders erfolgreich, auf denen er die Konkurrenz ausstechen kann. Auf den ersten Blick scheint fraglich, wie der Vermeider erfolgreich für ein Unternehmen oder eine Abteilung tätig sein kann. Er scheint nicht gerade der „Gewinner-Typ" zu sein und das Team eher zu hemmen. Aber gerade er kann gut dafür eingesetzt werden, Sorge dafür zu tragen, dass immer alle Risiken hinreichend abgewogen werden. Er wird zum Beispiel verhindern, dass aus Übereifer heraus unüberlegte Entscheidungen getroffen werden. Außerdem ist er anderen Menschen darin überlegen, Fehler aufzuspüren.

Jeder kann zur Leistung motiviert werden, wenn es nur gelingt, das richtige Aufgabengebiet zu finden

Es zeigt sich hier sehr gut, dass im Grunde jeder zur Leistung motiviert werden kann, wenn es nur gelingt, das richtige Aufgabengebiet zu finden. Das Problem dabei ist, dass vielfach noch ein aufgabenorientiertes Management herrscht und kein personenzentriertes. Es werden also Mitarbeiter für konkrete Stellenbeschreibungen und Arbeitsplätze gesucht und nicht – wie es im Sinne der Motivation besser wäre – Stellenbeschreibungen und Arbeitsplätze für konkrete Mitarbeiter.

Es liegt an der Führungskraft, das Potenzial von Mitarbeitern zu erkennen und „seine" Aufgabe für den Mitarbeiter zu finden. Hier verpassen Unternehmen wichtige Chancen, die Kompetenzen und die Kreativität der Mitarbeiter mit einzubeziehen. Somit leidet dann letztendlich die ganze Innovationskraft eines Unternehmens.

6.6.4 Intrinsische oder extrinsische Motivation?

Jeder von uns hat schon erfahren, wie leistungsstark, ausdauernd und zielstrebig Menschen sein können, wenn sie sehr motiviert sind. Jedoch scheint es oft schwierig zu sein, diese

Motivation und diesen Antrieb bei uns zu finden oder bei anderen zu wecken. Immer wieder stellt sich die Frage, wie kann man Mitarbeiter motivieren, wie bewegt man sie zu mehr und besserer Leistung?

Und nicht zuletzt beschäftigt uns auch die Frage: Wie motivieren wir uns eigentlich selbst? Was treibt uns selbst an? Wenn wir motivierte Mitarbeiter möchten, ist sicher zunächst ein motivierter Chef nötig, der seine Mitarbeiter mitzureißen vermag. Entscheidend beim Thema Selbstmotivation ist auch hier wieder, welche Grundhaltung der Mensch zu sich selbst hat. Ist er eher pessimistisch oder optimistisch eingestellt? Sieht er sich als Opfer der Umstände, das im Grunde nur reagieren kann, oder als Herr der Lage, der aktiv in Entwicklungen eingreifen und Abläufe bestimmen kann?

Wenn wir motivierte Mitarbeiter möchten, ist zunächst einmal ein motivierter Chef nötig

Es ist einfacher, eine positive Einstellung zu erreichen, wenn man damit beginnt, ein Problem in kleine Schritte zu unterteilen. Man ist dem Problem dann nicht hilflos ausgeliefert, sondern es sind lediglich überschaubare Teilaufgaben, die bewältigt werden müssen. Auf diese Weise sukzessive in die Verantwortung hineinzuwachsen, verhindert das Risiko von Fehlschlägen und stärkt so die eigene Motivation und kann auch die Mitarbeiter anstecken.

Eine weitere wichtige Voraussetzung für eine hohe Motivation ist die emotionale Beteiligung. Ein Ziel muss verinnerlicht werden, um es verwirklichen zu können. Ziele, die für uns eine persönliche Bedeutung haben und uns auch emotional berühren, motivieren nachhaltiger als Ziele, die wir aus rein rationalem Kalkül heraus verfolgen (siehe auch Kap. 6.3.1). Wir müssen also eine möglichst konkrete und plastische Vorstellung davon haben, was wir erreichen wollen/sollen und wie es sein wird, wenn das Ziel erreicht ist. Von der Organisation abstrakt und unpersönlich vorgegebene Planziele erfüllen diese Motivationskriterien in der Regel nicht.

Die entscheidende Frage hier ist, ob jemand extrinsisch oder intrinsisch motiviert ist.

EXTRINSISCHE MOTIVATION

Jemand ist extrinsisch motiviert, wenn eine Tätigkeit als Mittel zum Zweck für etwas anderes ausgeübt wird. In der Regel arbeitet Ihr Mitarbeiter, um seinen Lebensunterhalt zu verdienen und so liegen viele Ansatzpunkte extrinsischer Motivation

Eine Tätigkeit wird als Mittel zum Zweck für etwas anderes ausgeübt

auch in verschiedenen Entgeltmodellen. Vielfach wird hier auf das Mittel der Provision zurückgegriffen. Mitarbeiter werden am Umsatz beteiligt, um sie zu motivieren, möglichst hohe Gewinne zu erzielen, Gehälter werden erhöht oder es werden besondere Zulagen gewährt.

Extrinsische Motivation verstärkt ein gewünschtes Verhalten

Extrinsische Motivation verstärkt also ein gewünschtes Verhalten, indem entweder in positiver Form eine Belohnung in Aussicht gestellt oder in negativer Form Druck erzeugt wird, indem Bestrafungen angedroht werden.

Wir neigen dazu, Handlungen zu wiederholen, die mit positiven Gefühlen besetzt sind, und dagegen negative zu vermeiden. Unser zentrales Nervensystem hat hier Strukturen, die dies speichern und unsere Handlungen entsprechend beeinflussen. Es ist also durchaus eine mögliche Form der Motivation, mit positiven oder negativen Verstärkern zu arbeiten.

Unser Leben ist voll von diesen extrinsischen Motivationen und sie sind legitim und wertvoll. Wir erhalten Anerkennung/Verstärkung von außen – in welcher Form auch immer – und dies spornt uns an, Leistung zu erbringen.

Extrinsische Motivation ist nicht wirklich nachhaltig, holt nicht „das Beste" aus uns heraus

Es hat sich aber erwiesen, dass eine extrinsische Motivation nicht wirklich nachhaltig ist, nicht „das Beste" aus uns herausholt. Sie ist vielleicht etwas, das uns zwingt „am Ball zu bleiben", uns aber nicht emotional erfasst. So werden Mitarbeiter, denen Provisionen in Aussicht gestellt werden, deshalb nicht auch automatisch bessere Leistungen erbringen. Ihr Ziel ist es eher, mit möglichst geringem Aufwand eine möglichst hohe Provision zu erreichen. Auch die Wirkung einer Gehaltserhöhung oder regelmäßiger Bonuszahlungen ist nicht von Dauer. Erfährt der Betreffende dadurch anfangs noch einen Motivationsschub, tritt schnell ein Gewöhnungseffekt ein und seine Motivation pendelt sich wieder auf ihrem ursprünglichem Niveau ein.

Es ist also sinnvoll, sich nicht allein auf extrinsische Mittel der Motivation zu beschränken.

Intrinsische Motivation

Der Sinn einer Tätigkeit liegt in ihr selbst, sie ist also Selbstzweck

Jemand ist intrinsisch motiviert, wenn er den Sinn einer Tätigkeit in ihr selbst sieht, sie also für ihn Selbstzweck ist. Wir kennen ein entsprechendes Verhalten aus dem selbstvergessenen Spiel von Kindern. Sie handeln spontan aus sich selbst heraus, weil sie im „Flow" (siehe Kap. 6.6.3) sind und reine

Freude am Spiel haben, ohne damit einen außerhalb der Tätigkeit des Spielens liegenden Zweck zu verbinden.

WIRKLICH LEISTUNGSFÄHIG SIND WIR IMMER DANN, WENN WIR AUS UNS SELBST HERAUS HANDELN, WIR ALSO DEN ANTRIEB ERFAHREN, ETWAS ZU TUN, OHNE DASS DIE VERLOCKUNG EINER BELOHNUNG ODER DIE ANDROHUNG EINER STRAFE IM VORDERGRUND STEHEN.

Man spricht hier auch von natürlichen Motiven, Grund- oder Primärmotiven. Auf den Bereich der täglichen Arbeit bezogen sind das beispielsweise das Bedürfnis nach sozialer Anerkennung und Prestige, die Überzeugung, etwas Sinnvolles zu leisten, eine positive Arbeitsatmosphäre und ein Gruppenklima, in dem der Einzelne sich als Person angenommen fühlt.

Intrinsische Motivation bezieht sich auf Primärmotive

Dies erreichen wir nicht durch hohe Provisionen, sondern durch ein Gefühl der Sicherheit und Bindung an die Firma oder das Projekt. Wirkliche Motivation kann nur dann entstehen, wenn der Mitarbeiter das Gefühl hat, in einem geschützten Rahmen seine individuellen Fähigkeiten einbringen zu können. Weiterhin lässt sich hier ein bestimmtes Maß an Freiwilligkeit erkennen, die wiederum den Grad der Bindung bestimmt. Intrinsische Motivation hat auch viel mit Authentizität zu tun. Je authentischer ein Mensch leben kann, desto zufriedener ist er und damit einhergehend auch gesünder.

Während bei quantifizierbaren externen Motivatoren (etwa den pekuniären Anreizen der verschiedenen Entgeltformen) ein Gewöhnungseffekt eintreten kann, verstärkt sich qualitative intrinsische Motivation immer wieder selbst: Die jeweils erlebten positiven Emotionen werden zum Antrieb für zukünftiges Handeln.

Auch wenn das die Dinge sicherlich sehr vereinfacht, lässt sich doch prinzipiell festhalten: Je höher der Anteil an extrinsischer Motivation, desto höher die Fremdbestimmung und damit auch die Gefahr der Selbstentfremdung, was sich bis hin zu psychosomatischen Beschwerden äußern kann. Je höher der Grad an intrinsischer Motivation, desto größer die Chancen der Selbstverwirklichung und in der Folge desto höher die Arbeits- und Lebenszufriedenheit.

Je höher der Grad an intrinsischer Motivation, desto größer die Chancen der Selbstverwirklichung und in der Folge desto höher die Arbeitszufriedenheit

Eine Bonuszahlung ist einfach zu überweisen (falls denn die Mittel zu Verfügung stehen), weitaus anspruchsvoller ist es dagegen, ein Umfeld zu gestalten, in dem es den Mitarbeitern ermöglicht wird, sich auch intrinsisch zu motivieren. Wir meinen, dass der Ansatz des lateralen Führens dazu die besten Voraussetzungen bietet.

Wie erfolgreich eine Führungsperson darin sein wird, hängt aber nicht nur von ihrer Leistungsmotivation, ihrem Talent und ihrer Frustrationstoleranz ab. Ebenso wichtig ist der Wille oder die Selbststeuerung.

6.6.5 Die Führungskraft muss auch sich selbst steuern können

Selbststeuerung verhilft Menschen dazu, auch nach Misserfolgen weiterzumachen. Ist der Wille, sich selbst zu steuern, nicht oder nur sehr vermindert vorhanden, findet ein Stillstand statt und der Betreffende ist blockiert und wie gelähmt. Selbststeuerung bedeutet auch, seine Emotionen kontrollieren zu können, im Krisenfall Ruhe zu bewahren, seine Angst einzudämmen, seine Nervosität zu regulieren und den Überblick zu behalten. Selbststeuerung ist weit gehend erlernbar, indem man sich positive Erfahrungen ins Gedächtnis zurückholt und diese bei Misserfolgen abruft.

Schauen wir uns nun noch einmal die Führungskraft selbst an. Wir sind bereits auf Verhaltensweisen und Techniken eingegangen, die helfen, Mitarbeiter zielführend zu motivieren. Was aber zuerst in der Person der Führungskraft liegen muss, ist das Interesse für die Tätigkeit, für das Ziel. Jegliche Bemühungen sind aussichtslos, wenn die Mitarbeiter nicht das Engagement und die ehrliche Überzeugung der Führungskraft erkennen und spüren können. Deren Energie muss allgegenwärtig sein und das Team mitnehmen. Es ist kaum möglich, Mitarbeiter für etwas zu begeistern, woran man selbst nicht wirklich glaubt.

Nur vor einem entsprechend reflektierten Hintergrund ist eine optimale Übertragung der eigenen Motivation auf die Mitarbeiter möglich. Das Umfeld spürt Spannungen sehr schnell und wird sich sofort verunsichern lassen, wenn die „entscheidende Person" selbst nicht hundertprozentig an den Erfolg glaubt. Findet man in sich auch nur geringe Zweifel oder ein Zögern, ist es sinnvoll, diesen Zweifeln auf den Grund zu gehen, um Lösungen für evtl. Probleme zu finden. Mit einer gegebenenfalls entsprechend modifizierten und wieder klaren Ziel-

Es ist kaum möglich, Mitarbeiter für etwas zu begeistern, woran man selbst nicht wirklich glaubt

setzung ist es dann wieder möglich, die Mitarbeiter nachhaltig zu begeistern und zu führen. Hier bedarf es also einer ständigen Überprüfung der eigenen Motivationslage.

Sich mit dem eigenen Führungsanspruch auseinanderzusetzen, sollte der nächste Analysepunkt sein. Nicht jeder, der führen soll, ist bereit, sich mit dieser Aufgabe vollständig zu identifizieren. Häufig gibt es einen unbewussten, inneren Widerstand gegen die Begrifflichkeit des Führens, die aus historischen Gründen gerade in Deutschland oft den Beigeschmack von Manipulation und Unterdrückung hervorruft. Es ist also wichtig, sich auch hier die Frage zu stellen, ob man wirklich bereit ist, die Führung zu übernehmen.

Sich mit dem eigenen Führungsanspruch auseinandersetzen

Es sind viele Tests zur Messung der im Zusammenhang mit Führung auftretenden unbewussten Motive durchgeführt worden. Hier überraschte besonders ein Ergebnis: Ein großer Prozentsatz der befragten Führungskräfte besaß zwar ein starkes unbewusstes Machtmotiv, stritt aber ab, machtmotiviert zu sein. Diese zwiespältige Einstellung zur eigenen Position als Führungskraft führt dazu, dass die Betreffenden in vielen Situationen wenig überzeugend wirken.

Versteht man Macht, wie es der Soziologe Max Weber einmal definiert hat, als *„jede Chance, innerhalb einer sozialen Beziehung den eigenen Willen auch gegen Widerstreben durchzusetzen, gleichviel, worauf diese Chance beruht"*, sind diese Zweifel hier durchaus angebracht.

Macht auszuüben heißt aber nicht automatisch, andere herumzukommandieren oder gar zu drangsalieren. Macht ist nicht gleich Diktatur! Machtausübung ist manchmal notwendig und kann sehr hilfreich sein, um Dinge positiv voranzutreiben, Kollegen und Mitarbeiter in ihren Fähigkeiten und Bedürfnissen zu unterstützen und Erfahrungen weiterzugeben. Äußert sich Macht zudem nicht lediglich als legitime Macht im Rahmen einer Hierarchie, sondern erwächst zusätzlich auch (oder im Sinne lateralen Führens ausschließlich) aus persönlicher Kompetenz und Autorität, die von anderen anerkannt wird, wird eher nachvollziehbar, dass Macht auch positive Energien freisetzen und kraftvolles Agieren anleiten kann.

6.6.6 Potenziale nutzen – Empowerment

Heutige Kunden haben andere Bedürfnisse als Kunden vor 20 Jahren. Das ist sicherlich keine Neuigkeit. Aber diese Tatsache hat weit reichende Folgen für die Organisation in einem Unternehmen. Alte Führungsstrategien verhelfen heute nicht mehr zu dem gewünschten Erfolg. Und auch die Kunden wollen sich nicht mehr durch die verschiedenen Hierarchiestrukturen eines Unternehmens kämpfen. Sie sind genervt, wenn es zu kompliziert wird und nicht daran interessiert zu erfahren, wer wo im Unternehmen für was zuständig oder nicht zuständig ist. Es ist ihnen völlig gleichgültig, wer welche Kompetenzen hat oder wer heute gerade nicht anwesend ist, um eine Entscheidung zu treffen. Der Kunde möchte, dass sein Problem schnell und kompetent gelöst wird.

Um hier im Sinne optimaler Kundenzufriedenheit agieren zu können, ist es nicht damit getan, den Mitarbeitern mehr Macht im Sinne von Weisungsbefugnis zu geben. Die Mitarbeiter besitzen schon durch ihr Wissen, ihre Fähigkeiten und ihre Motivation genug Handlungsmacht, um wirkliche Leistungen in ihrem Beruf zu erbringen.

Die überall in den Unternehmen vorhandene Handlungsmacht der Mitarbeiter aktivieren und bestmöglich nutzbar machen

Empowerment (engl. Selbstbemächtigung, Selbstbefähigung) bedeutet nun, diese überall in den Unternehmen vorhandene Handlungsmacht der Mitarbeiter zu aktivieren und bestmöglich nutzbar zu machen. Ziel ist es, die vorhandenen – und oft unentdeckten – Fähigkeiten der Menschen und deren Ressourcen herauszuarbeiten, zur Entdeckung der eigenen Stärken zu ermutigen und Hilfestellungen bei der Aneignung von Selbstbestimmung und Lebensautonomie zu vermitteln.

Weisungsempfänger werden zu verantwortungsbewussten Mitarbeitern

Bezogen auf die Arbeitssituation bedeutet dies, dass Weisungsempfänger zu verantwortungsbewussten Mitarbeitern werden, die mit mehr Selbstbestimmung dazu beitragen, das angestrebte Ziel zu erreichen. Hierbei dürfen sie auf die Unterstützung ihrer Führungskraft setzen, die den nötigen Freiraum für diese Entwicklung ermöglicht. Dabei sollte man versuchen, den Fokus nicht auf das Entdecken und Ahnden von Fehlern zu legen, sondern Mitarbeiter zu belohnen, wenn sie erfolgreich sind. All dass erinnert sehr an intrinsische Motivation und setzt in der Tat auch auf deren positive Kräfte.

Gleichzeitig mit der Schaffung von „ermächtigenden" Freiräumen findet eine Veränderung statt, die im Ergebnis dazu anregt, Handlungsroutinen zu hinterfragen und neue Wege zu beschreiten. Das erfordert auch die Fähigkeit, sich aktiv Zugang zu Informationen, Dienstleistungen und Unterstützungsressourcen zu erschließen und diese zu nutzen. Damit steigt auch die Bereitschaft, sich in Teams einzubinden und aktiv am Unternehmensprozess mitzuwirken. Dort, wo Menschen zu Aktivität und Autonomie ermutigt werden und neue Formen sozialer Anerkennung erleben, steigt ihr Selbstwertgefühl und es vollziehen sich leistungsstarke und qualitativ hochwertige Prozesse.

Empowerment beginnt ganz oben an der Spitze. Daher müssen insbesondere die Führungskräfte lernen, auf eine neue Art und Weise mit den Mitarbeitern umzugehen, was letztlich auch bedeutet, sich aktiv mit dem Konzept des lateralen Führens auseinanderzusetzen.

Oft werden Entscheidungen immer noch „oben" getroffen und nach „unten" weitergegeben. Dies ist genau der Bereich, der sich ändern muss. Hierarchien werden – zumindest teilweise – durch selbstständig denkende und handelnde Teams ersetzt. Ein Team ist dabei eine Gruppe von Mitarbeitern, die gemeinsam die Verantwortung für einen kompletten Leistungserstellungsprozess übernommen hat.

Ein selbstständig handelndes Team übernimmt gemeinsam die Verantwortung für einen kompletten Leistungserstellungsprozess

Mitarbeiter, die nicht informiert sind, können auch nicht verantwortungsvoll handeln. Also muss jeder Zugang zu sämtlichen Informationen haben, nicht nur zu denen, die für seinen unmittelbaren Verantwortungsbereich relevant sind. Verfügen alle über umfassende Informationen zu Gewinn, Produktivität, Mängeln, Konkurrenz etc., wird das Vertrauen innerhalb der gesamten Organisation gefördert und die traditionellen, oft auf der Kultivierung von Herrschaftswissen beruhenden hierarchischen Denkweisen werden abgebaut.

Ist der Prozess abgeschlossen, sind ausgehend vom Gesamtzusammenhang der Aufgabenstellung alle Vorgänge in spezifische Einzelprozesse aufgeteilt, die die Mitarbeiter eigenverantwortlich übernommen haben. Spätestens hier wird klar, dass die Mitarbeiter nur dann effektiv sein können, wenn sie sowohl das Gesamtbild / den Gesamtzusammenhang kennen, als auch ihre eigene Rolle erkennen, die zur Gestaltung des Gesamtbildes beiträgt.

Gelingt dieser Prozess, wird er zum Selbstläufer und bringt Ihnen und Ihren Mitarbeitern sehr viel mehr Erfolg und Befriedigung. Und letztlich profitieren auch die Kunden, denn die selbstverantwortlichen Teams genügen dem Anspruch „One Face to the Customer", das heißt, sie haben einen festen Ansprechpartner für alle ihre Belange.

6.6.7 Den Worten auch Taten folgen lassen

Worten müssen auch Taten folgen. Das hört sich sehr einfach und selbstverständlich an, in der Praxis hat sich aber gezeigt, dass sich gerade hier schnell entscheidet, ob jemand respektiert und geachtet wird. Es dauert nicht lange, bis offensichtlich wird, wenn den Worten eben keine Taten folgen.

Jede Motivation verläuft im Sande, wenn die Führungskräfte nicht mit gutem Beispiel vorangehen

Aus welchen persönlichen, organisatorischen oder anderen Gründen dies auch immer so ist, jede Motivation verläuft im Sande, wenn die Führungskräfte nicht mit gutem Beispiel vorangehen. Bleibt der Vorsatz, laterales Führen umzusetzen, in blumigen Absichtserklärungen stecken, verspielt das Management wertvolles Vertrauen, das so leicht nicht wieder aufzubauen ist.

Die Umsetzung lateralen Führens erfordert ein grundlegendes Umdenken in vielen Bereichen. Herrscht hier nicht das entsprechende Bewusstsein oder werden maßgebende Ansatzpunkte blockiert, droht das Projekt zu scheitern. Hier zwei der wichtigsten Stolpersteine, die entsprechende Taten erschweren oder gar verunmöglichen können:

Jedes Teammitglied muss gleichermassen wertgeschätzt werden

Darauf achten, dass jeder Mitwirkende in seiner Rolle wahrgenommen und wertgeschätzt wird

In einem gut funktionierenden Team, in dem gemeinsam an einem Ziel gearbeitet werden soll, muss sehr genau darauf geachtet werden, dass jeder Mitwirkende in seiner Rolle wahrgenommen und wertgeschätzt wird.

Wenn etwa ein Diplomingenieur, der sein Wissen einbringt und eine Sekretärin, die das Protokoll der Sitzungen führt, unterschiedlich behandelt werden, muss mit einer Störung in der Produktivität des Teams gerechnet werden. Selbstverständlich hat jeder Teilnehmer des Teams bestimmte Fähigkeiten und Kenntnisse, die in das Geschehen eingebracht werden.

Keiner der Beteiligten kann „alles" und jedes Teammitglied ist theoretisch austauschbar. Als Teil des Ganzen ist aber jedes Mitglied gleichermaßen notwendig für das Gelingen des Projekts. Fühlt sich jeder in einem Team gleichermaßen geschätzt und anerkannt, entsteht bei den Einzelnen eine sehr hohe Motivation und in der Gruppe eine positive Energie.

Besonders, wenn gerade hierarchische Strukturen aufgelöst wurden, liegt es an der Führungskraft, einen entsprechenden Bewusstseinswandel einzuleiten und zu unterstützen.

DIE ANGESTREBTE EIGENVERANTWORTLICHKEIT DER MITARBEITER ERFORDERT ZUNÄCHST EINEN VERTRAUENSVORSCHUSS

Verantwortung für eine Sache zu haben, erhöht die Motivation, sich einzubringen. Machen Mitarbeiter die Erfahrung, dass sie die versprochenen Freiräume tatsächlich nutzen können, werden sie die zu bewältigenden Aufgaben mehr und mehr verinnerlichen und sich mit dem Projekt identifizieren.

Führungskräfte brauchen hier den Mut, Vertrauensvorschuss zu geben, loszulassen und Aufgaben zu delegieren. Dazu gehört auch, ein Klima zu schaffen, in dem Fehler nicht sanktioniert werden, sondern die Möglichkeit besteht, aus ihnen zu lernen.

Vertrauensvorschuss geben, loslassen und Aufgaben delegieren

6.7 Gemeinsam entscheiden

Lateral zu führen bedeutet u.a., die Mitarbeiter in Entscheidungsprozesse mit einzubeziehen. Aber wie sieht dies genau aus? Oft bedeutet das – je nach Größe des Teams – endlose Sitzungen und Besprechungen, bei denen keine oder nur unbefriedigende Ergebnisse herauskommen. Wenn dann noch eine unzureichende Moderation beklagt werden muss, zermürben und demotivieren solche Sitzungen alle Teilnehmer. Trotzdem ist es unerlässlich, das Team mit einzubeziehen und genügend Raum zum Austausch zu bieten. Wichtig ist, dass die entsprechende Kommunikation, der Austausch über Projekte, Ideen und Entscheidungen produktiv und effizient zu Ergebnissen führen. Hier einige Möglichkeiten, die Entscheidungsfindung im Team in zielführende Bahnen zu lenken.

6.7.1 Lateral denken – Die sechs Hüte von De Bono

Korrespondierend dem lateralen Führen stellen wir eine Technik vor, die sich des lateralen Denkens bedient, also eine Anleitung zum „Querdenken" oder um „die Ecke denken" bietet.

Eine Anleitung zum „Querdenken" oder um „die Ecke denken"

Edward de Bono, Professor in Informationstechnologie, Psychologie und Medizin mit Schwerpunkt Gehirnforschung, hat diese kreative und weltweit erfolgreich angewendete Methode „Die sechs Hüte des Denkens" in den Sechzigerjahren entwickelt. Sie ermöglicht, effektiv, strukturiert, zielgerichtet und wesentlich schneller an Ergebnisse zu kommen, ohne dabei die Ansichten und Ideen der Mitarbeiter außer Acht zu lassen oder „abwürgen" zu müssen.

Während die Schritte logischen, linearen Denkens aufeinander aufbauen, verläuft das laterale Denken assoziativ und spontan

Die üblichen Gedankenstrukturen werden verlassen und statt festgefahrener Ansichten ist Platz für Alternativen. Lateral zu denken bedeutet also, das Gewohnheitsdenken zu verlassen, zur Seite zu treten und die Situation von einem neuen und ungewohnten Standort aus zu betrachten. Während die Schritte logischen, linearen Denkens aufeinander aufbauen, verläuft das laterale Denken assoziativ und spontan. Folgende Prinzipien leiten das laterale Denken:

- Beherrschende Vorstellungen und Denkwege erkennen
- Nach anderen Wegen suchen, Dinge zu betrachten
- Die strenge Kontrolle, die das rational-logische (vertikale) Denken ausübt, lockern

Die Methode leitet einen Perspektivenwechsel ein, der jeweils durch farbige Hüte symbolisiert wird, wobei jede Hutfarbe für eine bestimmte Sichtweise steht. Die Mitglieder der Besprechung setzen symbolisch oder real einen Hut (oder eine Brille) in einer bestimmten Farbe auf und schlüpfen so gedanklich in die Sichtweise, die diese Farbe repräsentiert. Die Farben der Hüte stehen hierbei für folgende Sichtweisen:

Die Farben der Hüte stehen für folgende Sichtweisen

Weißer Hut **Neutralität**	Unter dem weißen Hut werden Informationen gesammelt, ohne sie zu werten. Der Träger ist einem Computer ähnlich: Für ihn zählen nur die nackten Fakten und Zahlen. Man erhält einen objektiven Überblick über alle verfügbaren Informationen, unabhängig von einer persönlichen Meinung. Es bietet sich an, diesen Hut zu Beginn einer Diskussion aufzusetzen, um einen ersten Überblick zu erhalten.
Roter Hut **Emotionen**	Hier ist Raum für Gefühle. Der Mitarbeiter kann spontan „aus dem Bauch heraus" äußern, was ihm zu dem Thema einfällt. Sowohl positive als auch negative Gefühle sollen Raum finden, ohne dass diese von den restlichen Teammitgliedern bewertet werden. Alles Diffuse und Gefühlsmäßige kann unter dem roten Hut ausgesprochen werden.
Gelber Hut **Positives**	Hier werden objektiv positive Inhalte aufgezeigt. Was spricht für eine Sache? Was sind die Vorteile? Welche Möglichkeiten eröffnen sich? Der Träger des gelben Hutes hat die Aufgabe, Chancen zu finden, aber auch realistische Hoffnungen und erstrebenswerte Ziele zu formulieren. Wichtig auch hier, sich um eine möglichst objektive Sicht zu bemühen.
Schwarzer Hut **Negatives**	Der Träger des schwarzen Hutes beschäftigt sich mit den negativen Aspekten. Welche Risiken verbergen sich hinter einer Entscheidung? Welche negativen Folgen können auftreten?

Grüner Hut Kreativität	Der grüne Hut steht für Innovation. Hier ist Kreativität gefragt. Gibt es neue, völlig andere Wege, die man bis jetzt nicht beachtet hat? Hier können Kreativitätstechniken eingesetzt werden. Es darf auch provoziert werden, um andere Teilnehmer zu reizen. Träger des grünen Huts dürfen alles sagen, egal, wie unrealistisch es zunächst klingen mag.
Der blaue Hut	schließlich gehört dem Moderator.

Durch die klare Trennung von verschiedenen Perspektiven und Denkweisen wird die Besprechung effizient, wesentlich übersichtlicher und bekommt Klarheit und Struktur.

Während der Diskussion tragen entweder alle Teilnehmer nacheinander die gleiche Hutfarbe. Dies führt dazu, dass sie nicht gegeneinander reden und arbeiten, sondern miteinander. Es haben zur gleichen Zeit alle Teilnehmer den schwarzen Hut auf, um das Negative, die Risiken eines Vorschlags zu beleuchten. Das zwingt zum Umdenken. Nach fünf Minuten wird gewechselt und der gelbe Hut kommt zum Einsatz: auch die Verfechter der Risiken und Gefahren müssen sich jetzt mit den Vorteilen auseinandersetzen, usw. In kurzer Zeit ist so alles gesammelt und ausgewertet und sind die Lösungen klar. Außerdem können sich alle mit dem Ergebnis identifizieren, weil sie im Entscheidungsprozess aktiv mitgewirkt haben.

Haben die Teilnehmer dagegen jeweils verschiedene Hüte auf, wird die Diskussion kontrovers verlaufen. Hier besteht dann die Möglichkeit, die Hüte entsprechend den Neigungen und Charaktereigenschaften der Teilnehmer zu verteilen. Der Pessimist und ewige Bedenkenträger bekommt also den schwarzen Hut etc.

Durch diese Vorgehensweise kann sich das Prinzip des lateralen Denkens optimal entfalten und Lösungen können leicht und zufrieden stellend gefunden werden.

6.7.2 Zwischen Wahrnehmung und Intuition – das Z-Modell

Eine andere Möglichkeit, den Entscheidungsprozess in Gruppen zu strukturieren, ist das sog. Z-Modell von Kroeger, Thuesen und Rutlege, das auf den Temperamentsausprägungen des Myers-Briggs Typenindikators (MBTI) aufbaut. Dies ist ein psychometrischer Fragebogen, der von Katharine Cook Briggs und ihrer Tochter Isabel Briggs Myers in Anlehnung an die Persönlichkeitstheorie von C.G. Jung entwickelt wurde. Mit über zwei Millionen Anwendungen pro Jahr ist der MBTI das meist verwendete psychologische Verfahren weltweit. Gerade im angloamerikanischen Raum wird in Bewerbungsverfahren schon fast standardmäßig mit dem MBTI gearbeitet. Er dient dazu festzustellen, wie Menschen die Welt um sich herum wahrnehmen und Entscheidungen treffen und soll dabei helfen, sich selbst und andere besser zu verstehen.

In den vier Schritten des Z-Modells kommt jeder der vier folgenden Temperamentsausprägungen eine besondere Bedeutung zu:

- sensorische Wahrnehmung,
- intuitive Wahrnehmung,
- analytisches Urteilen und
- gefühlsmäßiges Urteilen.

*Z-förmige Bewegung
zwischen vier unter-
schiedlichen Tempera-
mentsausprägungen*

Das Z-Modell beschreibt einen Ablauf in vier Arbeitsschritten, der sich in einem Projekt stetig wiederholt. Z-Modell deshalb, weil sich der Ablauf in einer z-förmigen Bewegung zwischen diesen Temperamentsausprägungen abspielt. Hier die einzelnen Phasen:

- Bei neuen Projekten geht es in der ersten Arbeitsphase um das Zusammentragen von Daten, Fakten, Informationen und den Austausch von Ansichten darüber. Angesprochen werden in dieser nach außen auf die Welt gerichteten Phase vor allem die Persönlichkeitsausprägungen Extraversion und sensorische Wahrnehmung. Die Darstellung und Präsentation von Fakten und Wissen muss von den Teilnehmern zunächst einmal wahrgenommen werden. Welches Wissen ist relevant und wie kann es dargestellt werden? Aufgabe des Projektleiters in dieser Phase ist es, diesen Prozess des Zusammentragens von Informationen zu initiieren, zu begleiten und zu visualisieren.

*Fakten und Wissen darü-
ber müssen von den Teil-
nehmern zunächst ein-
mal wahrgenommen
werden*

*Auswertung des
gesammelten und zu-
sammengetragenen
Materials*

- In einem zweiten Schritt geht es dann um die Auswertung des gesammelten und zusammengetragenen Materials. Ein kreativer Schritt, bei dem erste Lösungsansätze als Rohentwürfe erarbeitet werden. Diese stehen als unterschiedliche Lösungsansätze nebeneinander, die zunächst nicht bewertet werden. In dieser nach innen gerichteten Phase spielen die Eigenschaften Introversion und Intuition eine besondere Rolle. Es geht darum, in sich hineinzuhören und spontan neue Ideen zu entwickeln.

- Im dritten Schritt geht es um eine Bewertung der gesammelten und entwickelten Lösungen anhand möglichst objektiver Kriterien. Hier kommt der Persönlichkeitseigenschaft der analytischen Kompetenz eine besondere Rolle zu. Es geht um ein nüchternes, analytisches Betrachten und Abwägen und Beurteilen von Fakten. Am Ende dieses Schrittes steht ein Lösungsvorschlag, welcher der Aufgabenstellung am besten gerecht wird.

Bewertung der gesammelten und entwickelten Lösungen anhand möglichst objektiver Kriterien

- Im abschließenden vierten Schritt gilt es zu beurteilen, ob alle Teammitglieder, Beteiligten und Stakeholder den favorisierten Lösungsvorschlag nachvollziehen und einvernehmlich mittragen können. Dies umfasst auch eine emotionale Bewertung, die im Hinblick auf die Tragfähigkeit und Identifikation und damit die Gemeinsamkeit wichtig ist. Die Interpretation entsprechender Signale macht es gegebenenfalls erforderlich, Korrekturen vorzunehmen und allen nochmals das gemeinsame Ziel bewusst zu machen. Hier spielt die emotionale Intelligenz eine wichtige Rolle.

Beurteilen, ob alle den favorisierten Lösungsvorschlag nachvollziehen und einvernehmlich mittragen können

Nach C.G. Jung agieren und wirken hier Bewusstsein und Unbewusstes in den vier Grundfunktionen Denken, Fühlen, Empfinden und Intuieren zusammen: *„Die Empfindung* (d.h. Sinneswahrnehmung) *sagt, dass etwas existiert; das Denken sagt, was es ist; das Gefühl sagt, ob es angenehm oder unangenehm ist; und die Intuition sagt, woher es kommt und wohin es geht."* (Jung, 1968)

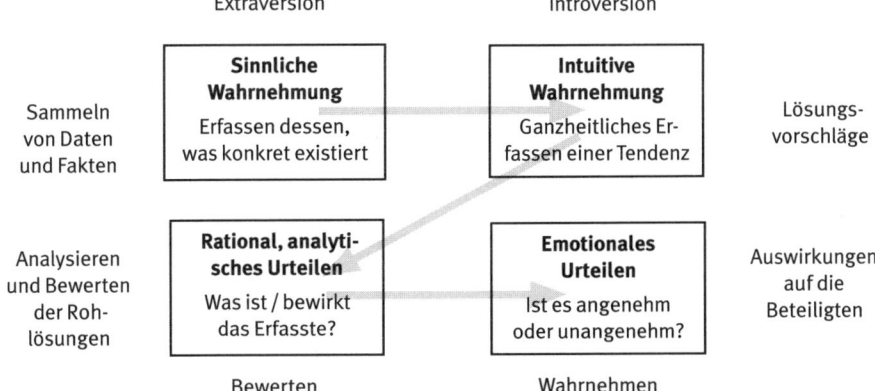

Die Arbeitsschritte des Z-Modells (orientiert an Köhler / Oswald, 2009)

6.7.3 Das 4-D-Modell –
in Gesprächen besser miteinander umgehen

Bernhard Possert (www.4-d.at) zeigt ein Modell zum besseren Umgang miteinander in Gesprächen. Er unterscheidet zwischen zwei Ausgangssituationen, warum Menschen sich zu einem Gespräch einfinden:

Menschen sprechen entweder miteinander oder gegeneinander

- Menschen sprechen entweder *miteinander*, um ein Problem zu lösen oder Sichtweisen auszutauschen
- oder Menschen sprechen *gegeneinander*, weil sie sich profilieren, gewinnen oder andere überreden wollen.

Neben diesen unterschiedlichen Motiven, miteinander zu reden, gibt es auch zwei grundsätzlich unterschiedliche Formen, dies zu tun:

Menschen sprechen entweder rational und sachlich oder unlogisch und unsachlich

- Menschen können rational und sachlich fundiert sprechen, hier zählen Fakten und klassische Logik sowie eine schlüssige und nachvollziehbare Argumentation.
- Menschen können unlogisch argumentieren, indem sie
  - von wenigen Beispielen auf eine Allgemeingültigkeit schließen,
  - Annahmen als Voraussetzungen hinstellen, die nicht bewiesen sind,
  - subjektive Wahrnehmungen als allgemein gültig darstellen,
  - sich das Recht nehmen, die Meinung anderer nicht respektvoll zu behandeln.

Anhand dieser Kriterien entwickelt Possert ein Raster, das veranschaulicht, nach welchen Grundmustern Gespräche verlaufen können (http://www.possert.at/images/uploads/4d_kompakt04.pdf):

	rational/logisch	auch unlogisch, nicht rational
miteinander	Diskurs	Dialog
gegeneinander	Disput	Debatte

Die Charakteristika der sich aus dieser Matrix ergebenden Gesprächsformen Diskurs, Dialog, Disput und Debatte seien hier kurz wiedergegeben:

Diskurs: auf sachlicher Basis ein Ergebnis finden

- DISKURS: In einem Diskurs sind alle Beteiligten daran interessiert, auf sachlicher Basis ein Ergebnis zu finden, das für

alle Teilnehmer als beste Lösung erscheint. Unterschiedliche Meinungen werden respektiert und es wird logisch argumentiert und mit Fakten gearbeitet. Es ist ein Miteinander zur Lösung eines Problems oder eines Auftrags. Die entsprechenden Grundhaltungen des Diskurses sind:
– Kooperativ sein
– Freiräume gewähren
– Unterstützen und wenn nötig Unterstützung erbitten

- DIALOG: Bei einem Dialog geht es um einen Austausch von Meinungen. Es steht nicht unbedingt eine Problemlösung oder Aufgabenerfüllung im Vordergrund, sondern vielmehr das Zuhören und Offensein für neue Ideen und Meinungen. Man versucht nicht zu überzeugen, sondern nutzt den Dialog für sich, um neue Erkenntnisse zu erlangen und Althergebrachtes hinterfragen zu können. Grundhaltungen des Dialogs sind:

Dialog: nicht ergebnisbezogener Austausch von Meinungen

– Versuchen zu verstehen, was der andere sagen will
– Sich auf die Sprache des Gegenübers einlassen
– Versuchen, seine Welt zu begreifen
– Neue Erkenntnisse aufnehmen, den Horizont erweitern

- DISPUT: Ein Disput ist ein Austausch zwischen zwei oder mehreren Personen, die nur scheinbar versuchen, logisch und rational ihre Argumente vorzubringen, um so eine bestmögliche Lösung zu erreichen. In Wirklichkeit liegt den einzelnen Gesprächspartnern nur daran, die eigene Idee durchzusetzen, was nicht immer unbedingt die beste Lösung für alle Beteiligten oder für das Ergebnis darstellen muss. Die Grundhaltungen der Disputs sind:

Disput: die eigene Meinung durchsetzen

– Vorsichtig, aber nicht wehrlos sein
– Gegebenenfalls auf Verteidigung und Kampf eingerichtet sein

- DEBATTE: Eine Debatte ist eher eine Show-Veranstaltung für die Zuhörer, als die ernsthafte Auseinandersetzung mit einem Problem oder einem Auftrag. Die Beteiligten hören sich nicht wirklich zu und versuchen, den anderen etwa mit Killerphrasen zu überrumpeln. Die eigene Meinung soll durchgesetzt werden und es geht weniger um die logische, sachliche Bewertung von Daten und Fakten. Die Grundhaltungen der Debatte sind:

Debatte: vor anderen der eigenen Meinung zum Sieg verhelfen

– Bereit sein für verbale Kämpfe ohne Spielregeln
– Alles ist erlaubt

Instrumentarium, um Gespräche besser planen, analysieren und natürlich auch führen zu können

Macht man sich die Charakteristika dieser grundsätzlichen Gesprächstypen und die jeweiligen korrespondierenden Grundhaltungen klar, hat man ein Instrumentarium an der Hand, um Gespräche besser planen, analysieren und natürlich auch führen zu können.

Werden Sie sich bewusst, in welchem Kontext ein Gespräch stattfindet. Wo soll es hingehen? Was ist das Ziel? Müssen wichtige Interessen verteidigt werden oder ist es maßgebender, eine gemeinsame Lösung zu finden? Kann man ohne Rücksichtnahme argumentieren, oder ist darauf zu achten, dass das Gegenüber sein Gesicht wahren kann? Wann kann es sinnvoll sein, sich einer Debatte oder Diskussion zu stellen?

Auch während eines Gesprächs ist es sinnvoll, sich bewusst zu machen, in welchem Feld der 4-D-Matrix man sich aktuell befindet. Ist bei fortgeschrittener Zeit die Form des Dialoges noch angebracht oder ist es zielführender, in eine Diskussion zu wechseln, um zu einer Entscheidung zu kommen?

Dies „im Eifer des Gefechts" zu erkennen, benötigt etwas Zeit und vor allem Übung. Hier bietet es sich an, im Rahmen eher unwichtiger Gespräche zu fragen, in welchem „D" man sich gerade befindet und einfach einmal zu versuchen, einen Wechsel vorzunehmen.

6.7.4 Kreativitätstechniken

Kreativitätstechniken sind weitere Methoden, um verschiedene Standpunkte sehen zu können und sind in Diskussionen, Problemlösungs- oder auch Entscheidungsverfahren hilfreich. Die kreativen Ansätze des Brainstormings und der Osborne-Methode werden der Komplexität von Prozessen oder Problemen gerecht und eröffnen vollkommen neue Lösungswege und damit Möglichkeiten.

BRAINSTORMING – UNGEHEMMTER IDEENFLUSS

Wenn es in einem Team oder einer Gruppe darum geht, neue Ideen zu finden, ist das Brainstorming der Klassiker

Wenn es in einem Team oder einer Gruppe darum geht, neue Ideen zu finden, ist das Brainstorming der Klassiker und wird am häufigsten verwendet. Es wurde von Alex Osborne in den Dreißigerjahren entwickelt und zeichnet sich vor allem durch die Freiheit der Kreativität aus. Osborne, unter anderem Mitinhaber einer Werbefirma, stellte bei seinen Teamsitzungen immer wieder fest, wie ineffektiv diese Sitzungen verliefen. Obwohl seine Mitarbeiter eigentlich sehr kreative Köpfe waren, bewegte sich in den Besprechungen eher nichts. Jegliche Kreativität schien blockiert und die Mitarbeiter fanden nur schwer zu irgendwelchen Ideen oder Lösungsansätzen.

Vor diesem Hintergrund entwickelte Osborne sein Kreativitätskonzept des Brainstormings, für das er vier Grundregeln aufstellte:

- FOCUS ON QUANTITY – FINDEN SIE MÖGLICHST VIELE IDEEN. Je mehr desto besser. Spontaneität ist gefragt! Je größer die Menge an Daten – hier die Menge an Ideen und Vorschlägen, desto höher die Chance, dass sich innerhalb kurzer Zeit gute umsetzbare Ideen finden. Außerdem regt es die Teilnehmer zu mehr Ideen an, je mehr Vorschläge sie hören oder visualisiert bekommen.

  Zu Beginn möglichst viele Ideen sammeln

- WITHHOLD CRITICISM – KRITIK IST ZU DIESEM ZEITPUNKT NICHT ERWÜNSCHT! In der Phase der Ideenfindung ist jegliche Kritik untersagt. Hierfür gibt es eine spätere Phase, in der auf die gesammelten Vorschläge näher eingegangen wird. Dies hat den Vorteil, dass der Ideenfluss nicht ständig unterbrochen oder vielleicht sogar durch Killerphrasen völlig blockiert wird.

  Den Ideenfluss nicht durch Kritik blockieren

- WELCOME UNUSUAL IDEAS – UNGEWÖHNLICHE IDEEN UND INNOVATION SIND GEFRAGT! Die Teilnehmer sollen nicht in ihren Gedanken schon eine Wertung produzieren, bevor sie überhaupt etwas sagen. Wir sind es gewohnt, erst einmal alle Pros und Kontras abzuwägen, bevor wir etwas von uns geben. Normalerweise ist dies auch sinnvoll. Beim Brainstorming ist das kontraproduktiv und verhindert, dass gute Ideen weiter ausgesponnen und verfolgt werden können. Der Fantasie soll freien Lauf gelassen werden und alles darf vorgeschlagen werden, hört es sich auch noch so „ unmöglich" an.

  Der Fantasie freien Lauf lassen

- COMBINE AND IMPROVE IDEAS – VERBESSERN UND ERGÄNZEN SIE DIE GESAMMELTEN IDEEN! Wenn man sich in üblichen Diskussionsrunden befindet, wird man immer wieder feststellen, dass Teilnehmer gern das Negative, das „Nicht-Machbare" an einer Idee oder einem Vorschlag suchen ... und meist auch finden. Beim Brainstorming ist dagegen ein durchweg konstruktives Vorgehen erwünscht. Die gefundenen Ideen sollen positiv ergänzt und weiterentwickelt werden. So kann ein produktives Ergebnis erreicht und die Qualität möglicher Lösungen verbessert werden.

  Gesammelte Ideen verbessern und ergänzen

Mit diesen einfachen Regeln wurden und werden Meetings wieder zu einem kreativen Austausch. Alle Teilnehmer sind beteiligt und können, ohne sich rechtfertigen zu müssen, neue Ideen einbringen. Es gibt eine Fülle von Vorschlägen, die nicht im Verborgenen bleiben, weil sie vielleicht nicht perfekt erscheinen.

Erfahrungsgemäß dauert ein Brainstorming, je nach Größe der Gruppe, etwa 20 Minuten. Damit ein guter Austausch und Ideenfluss gewährleistet ist, sollte die Anzahl der Teilnehmer zwischen fünf und 15 liegen. Es bietet sich an, das Brainstorming in einer lockeren Atmosphäre stattfinden zu lassen. Dies könnte man z.B. durch die Anordnung der Sitzgelegenheiten oder die Wahl des Raums erreichen. Ein erfolgreiches Brainstorming bietet einen wunderbaren Einstieg in neue, innovative Projekte.

DIE OSBORNE-METHODE – NEUE BLICKWINKEL

Eine weitere, nicht so bekannte, aber auch sehr effektive Methode ebenfalls von Alex Osborne ist die nach ihm benannte Osborne-Methode.

Hier geht es darum, mithilfe bestimmter Leitfragen den gewohnten Blickwinkel auf ein Problem zu verändern und so zu völlig neuen kreativen Ideen zu gelangen. Osborne hat folgende Leitfragen formuliert:

Leitfragen, die den gewohnten Blickwinkel auf ein Problem verändern

- Was könnte man der „Sache" hinzufügen?
- Was könnte man vielleicht weglassen?
- Lässt es sich vergrößern?
- Lässt es sich verkleinern?
- Kann etwas ins Gegenteil verkehrt werden?
- Ist es möglich, die Reihenfolge zu verändern?
- Kann es auch für etwas anderes verwendet werden?
- Ist es möglich, die „Sache" mit etwas anderem zu kombinieren?
- Kann es durch etwas anderes ersetzt werden?

Es ist darauf zu achten, dass wirklich alle Fragen beantwortet und so beantwortet werden, dass sich keine weiteren Fragen mehr ergeben können oder entsprechende Ideen nicht konsequent zu Ende gedacht werden. Der Gewinn aus diesen Fragen ergibt sich aus der anderen, neuen Betrachtungsweise. Es wird nicht, wie üblich, nach gut oder schlecht gefragt, sondern ein völlig „themenfremder" Zugang gesucht. Eine mögliche

„Betriebsblindheit" oder die Fokussierung auf das Althergebrachte werden so durchbrochen und der Weg wird frei für völlig neue Lösungen.

6.8 Konflikte – Tragende Elemente

Konflikte gehören zur Zusammenarbeit von Menschen und es ist schwer vorstellbar, dass es bei einer Zusammenarbeit in einem Team, das auf der Suche nach einer Lösung ist, nicht auch zum Austausch kontroverser Haltungen und Meinungen kommt. Angesichts der komplexen Aufgaben, vor denen Teams heute stehen und angesichts des breiten Wissens, des Spezialisierungsgrades und des schnellen Fortschreitens von wissenschaftlichen Erkenntnissen bei gleichzeitiger Kontroversität können Auseinandersetzungen nicht ausbleiben. Es gibt durchaus Haltungen, die besagen, dass es in hierarchisch geführten Teams sogar einen Mangel an konstruktiver Auseinandersetzungsbereitschaft gibt. Erklärt einerseits dadurch, dass letztendlich die Entscheidungen vom Vorgesetzten getroffen werden, andererseits aber auch dadurch, dass kontroverse Auseinandersetzungen die eigenen Karrierevorstellungen gefährden könnten.

In hierarchischen Strukturen herrscht oft ein Mangel an konstruktiver Auseinandersetzungsbereitschaft

Beide Haltungen bestehen im Rahmen des Führens auf Augenhöhe nicht. Konsequent angewendet geht es um die Auseinandersetzung und das Finden bestmöglicher Lösungen durch das Zusammentragen, Diskutieren und Entscheiden unter Einbeziehung aller Teilnehmer. Mit der Fokussierung auf eine sachorientierte Lösung bei gleichzeitiger Anwendung von Gruppenregeln, ähnlich wie beim Modell der themenzentrierten Interaktion beschrieben (siehe Kap. 6.4.3) und der Anwendung von Verfahren zur Entscheidungsfindung, erfolgen quasi präventiv Maßnahmen, die konfliktreduzierend wirken.

Betrachtet man einige Risikofaktoren, die als begünstigend für das Entstehen von Konflikten angesehen werden, bestätigt sich die Aussage, dass durch einen partizipativen Führungsansatz, wie wir ihn beim „Führen auf Augenhöhe" vorfinden, präventiv Prozesse stattfinden, die konfliktmildernd wirken. Dadurch, dass allen Mitarbeitern alle Informationen zur Verfügung stehen und sie an Entscheidungen beteiligt sind, werden sie von Veränderungsprozessen nicht überrascht, sondern sie erleben und gestalten diese zeitnah mit.

Beim „Führen auf Augenhöhe" finden präventiv Prozesse statt, die konfliktmildernd wirken

Kommt es zu Neuausrichtungen oder Umstrukturierungen, beides Risikofaktoren, die das Entstehen von Konflikten begünstigen, sind diese das Ergebnis gemeinsamer Verhandlungen. So ist durchaus vorstellbar, dass veränderte Rahmenbedingungen eine Neuausrichtung erfordern, unterschiedlich sind die Reaktionsweisen. Während in einem hierarchisch strukturierten Unternehmen die Entscheidungen extern getroffen und zeitgleich Gerüchte und Vermutungen angestoßen werden, die dann beginnen, ein Eigenleben zu führen, stehen den Beteiligten in flachen Hierarchien andere mitgestaltende Optionen offen. Dies eröffnet einerseits einen wesentlich größeren Gestaltungsspielraum im Hinblick auf die Frage, wie kann, soll und wird auf die neuen Anforderungen reagiert werden, und zweitens wird selbst bei ungünstigen Entscheidungen die Akzeptanz deutlich erhöht. Dies gilt ebenso bei gravierenden technischen Veränderungen, erhöhten Arbeitsbelastungen und sich ändernden Arbeitsbedingungen.

Auch Führen auf Augenhöhe ist nicht frei von Situationen, in denen Konflikte entstehen und eskalieren können

Dennoch ist auch Führen auf Augenhöhe nicht frei von Situationen, in denen Konflikte entstehen und eskalieren können. Wo Menschen miteinander leben und arbeiten, sind Auseinandersetzungen, Meinungsverschiedenheiten, Ärger, Verletzungen und Angriffe unvermeidlich. Es besteht das Potenzial zu Konflikten. Von daher ist die Auseinandersetzung mit dem Thema Umgang mit Konflikten ein weiteres wichtiges Thema, mit dem es sich gilt auseinanderzusetzen. Auch hier können wir nur schlaglichtartig das Thema beleuchten und ermutigen, das Thema durch spezifische Literatur zu vertiefen.

DER RICHTIGE UMGANG MIT KONFLIKTEN IST EINE WICHTIGE VORAUSSETZUNG FÜR DEN UMGANG IN DER ZUSAMMENARBEIT MIT MENSCHEN.

Konflikte bergen immer die Gefahr der Eskalation

Konflikte bergen immer die Gefahr der Eskalation. Damit sie nicht zum Ärgernis werden, müssen sie frühzeitig und rechtzeitig erkannt, richtig analysiert und konstruktiv bearbeitet werden.

Üblicherweise wird die skizzierte Vorgehensweise unter dem Begriff Konfliktmanagement zusammengefasst. Es können immer wieder Spannungen und Auseinandersetzungen zwischen einzelnen Teammitgliedern oder in Arbeitsgruppen und Abteilungen auftreten, doch sind sie durch „Führen auf

Augenhöhe" früher erkennbar, sie sind aufgrund der Rahmenbedingungen überschaubarer und in der Regel leichter handhabbar.

Was ist ein Konflikt in Abgrenzung zu Streit, Auseinandersetzungen oder einer Meinungsverschiedenheit? *„Konflikte sind Spannungssituationen, in denen voneinander abhängige Menschen versuchen, unvereinbare Ziele zu erreichen oder gegensätzliche Handlungspläne zu verwirklichen."* (Kreyenberg, 2005)

Konflikt in Abgrenzung zu Streit, Auseinandersetzungen oder einer Meinungsverschiedenheit

Die negativen Auswirkungen von Konflikten sind bekannt: Konflikte belasten emotional und rauben Zeit. Je später auf einen wahrgenommenen Konflikt reagiert wird, desto höher der Aufwand und der mögliche Schaden. Nicht nur der Schaden im Hinblick auf die vermutlich abnehmende Arbeitsfreude durch das beschädigte Arbeitsklima, sondern auch der materielle Schaden durch Rückzug, verminderte Kreativität und/oder das Entstehen von Blockaden. In drastischen Fällen durch unternehmensschädigendes Verhalten, Stress, Mobbing, Krankheit bis hin zu körperlichen Übergriffen und Suizid.

Hier liegt auch die große Gefahr im Fall von Konflikten. Konflikte lösen emotionale Reaktionen aus. Sie verändern unseren emotionalen Zustand und stoßen die archaischen Reaktionen Flucht oder Angriff an. Wobei diese nur zwei von sieben Reaktionsmöglichkeiten darstellen:

Reaktionsmöglichkeiten auf Konflikte

- FLUCHT als Möglichkeit, soweit machbar, sich zu entziehen. Der Weg eines vermeintlich geringeren Widerstands, bei geringerem Einsatz von Energie. Offen bleibt bei dieser Reaktion, ob es sich nicht um eine Scheinlösung handelt und der Konflikt damit nur auf einen späteren Zeitpunkt verschoben wird.

Sich dem Konflikt entziehen

- ANGRIFF als Möglichkeit, sich der „Herausforderung" zu stellen und die eigene Meinung durchzusetzen. Überzeugt von der eigenen Kraft und Überlegenheit, geht es darum, den Gegner zu besiegen. Der Angreifer agiert im Zwang, kann sein Verhalten nicht zurücknehmen und läuft in die Gefahr einer kaum zu stoppenden Eskalation.

Sich der „Herausforderung" stellen

- UNTERORDNUNG als Möglichkeit der Unterwerfung, verbunden mit dem vermeintlichen Gefühl der Sicherheit. Der Stärkere ist der Sieger und wird in seiner Rolle bestätigt, beim „Verlierer" vermindert dies das eigene Selbstwertgefühl.

Sich unterwerfen

Offen bleibt, welche nachhaltigen Konsequenzen dies für ihn und sein Verhalten hat.

Die Konfliktlösung an andere übertragen

- **Delegation** als Möglichkeit, die Konfliktlösung an andere zu übertragen. Die Austragung des Konflikts wird abgelehnt und die Entscheidung in eine ordnende externe Hand gegeben, die nach „objektiven" Kriterien entscheidet. Offen bleibt bei der Delegation eines Konflikts, ob die getroffene Entscheidung, der „Schiedsspruch", auch akzeptiert wird. Es besteht die Möglichkeit, die „Objektivität" der neutralen Person anzuzweifeln.

Man schließt einen Kompromiss

- **Kompromiss** als Möglichkeit einer Teileinigung. Beide Seiten haben einen Teil dessen durchgesetzt, was sie erreichen wollten und wahren ihr Gesicht. Kompromisse setzen Verhandlungen voraus und benötigen Zeit zur Lösung. Beide Parteien müssen bereit dazu sein und den getroffenen Kompromiss akzeptieren. Die Gefahr besteht, dass eine der Parteien mit der Entscheidung unzufrieden ist und nur vordergründig zustimmt.

Eine von beiden Seiten akzeptierte Lösung erarbeiten

- **Konsens** als Möglichkeit, eine gemeinsame Lösung zu erarbeiten, die von beiden Seiten akzeptiert und positiv bewertet wird. Erfordert ein partizipatives Vorgehen auf der Basis gegenseitiger Wertschätzung, von Respekt, Anerkennung und Toleranz. Erfordert Zeit und Geduld.

Ausschließen wichtiger Gründe, die einer Zustimmung entgegenstehen

- **Konsent** als Möglichkeit, eine gemeinsame Entscheidung herbeizuführen, allerdings in Abgrenzung zum Konsens nicht durch das Anstreben einer „vollkommenen" Lösung, sondern durch Ausschluss von wichtigen Gründen, die einer Zustimmung entgegenstehen. Wir haben diese Technik im Rahmen der Darstellung der Soziokratie (siehe Kap. 5.2) bereits beschrieben. Voraussetzung beim Konsent ist, dass die Beteiligten dem Vorgehen zustimmen. Im Gegensatz zum Konsens ist Konsent weniger zeitaufwändig.

6.8.1 Das Eskalationsstufenmodell

Konflikte verändern unseren emotionalen Zustand in Abhängigkeit von der Eskalationsstufe

Konflikte verändern unseren emotionalen Zustand in Abhängigkeit von der Eskalationsstufe. Führt ein Konflikt zu keiner Lösung, droht eine spiralförmige Eskalationsentwicklung, wie sie Friedrich Glasl in seinen Eskalationsstufen beschrieben hat. Daraus ergibt sich auch die Ableitung, bei Konflikten möglichst frühzeitig, unmittelbar nach Wahrnehmung zu regieren, um deren Eskalation zu verhindern.

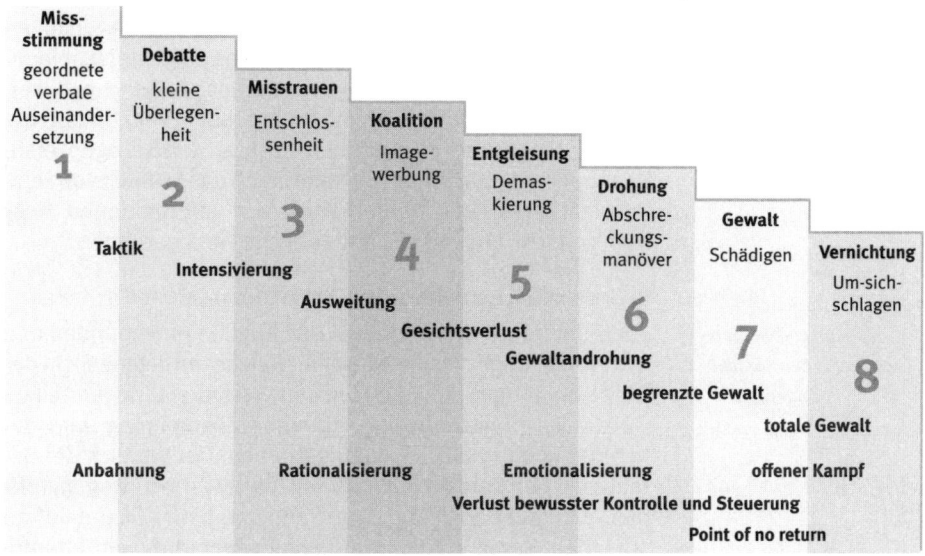

Die Eskalationsstufen eines Konflikts (Kreyenberg, 2005)

STUFE 1: LEICHTE VERSTIMMUNGEN – ES WIRD KÄLTER

Zu Beginn sind nur kleine Veränderungen wahrnehmbar. Diese zeigen sich häufig in geringfügigen qualitativen Veränderungen, auch der Ansprache. Das, was als sachliche Meinungsverschiedenheit im Raum stand, bekommt nun eine andere Nuance. Es sind zunächst nur leichte Ärgernisse, beispielsweise fühlt sich jemand übergangen, die aber kumulieren.

Geringfügige qualitative Veränderungen

STUFE 2: DEBATTE – VERBALES PINGPONG

Der Konflikt wird sichtbarer. Immer wieder tauchen die gleichen Themen auf und werden ständig wiederholt. Gleichzeitig spüren die Beteiligten dies, können sich dagegen aber nicht wehren. Vielleicht soll ein offenes Gespräch die Sache noch klären. Doch die eigentlichen Anlässe der Meinungsverschiedenheit werden nicht besprochen und das Verständnis für die jeweilige Gegenseite sinkt. Zaghaft beginnen die Beteiligten, über den Konflikt mit anderen zu sprechen.

Es dreht sich immer wieder um die gleichen Themen

STUFE 3: MISSTRAUEN – HANDELN STATT REDEN

Der Konflikt wird noch offensichtlicher. Ein offenes Gespräch scheint sinnlos und man beginnt sich zu misstrauen. Begegnen sich die Beteiligten, werden zunehmend ihre Aversionen deutlich. Häufig durch körpersprachliche Begleiterscheinungen wie Wegsehen oder Augenverdrehen. Äußerungen werden durch unsachliche Kommentare oder Reaktionen begleitet. Möglicherweise werden auch arbeitsbezogen erste Reaktionen deutlich, zum Beispiel durch das Streuen von Fehlinformationen, das Vorenthalten von Informationen oder durch geschickte und gezielte zeitliche Verzögerungen.

Begegnen sich die Beteiligten, werden zunehmend ihre Aversionen deutlich

Stufe 4: Koalitionsbildung – gemeinsam bin ich stärker

Zunehmend werden andere in den Konflikt eingebunden und man sucht möglichst viele Partner, welche die eigene Sicht der Dinge bestätigen und die gleichen Wertvorstellungen teilen. Durch die möglicherweise erfahrene Zustimmung wird der Konflikt noch zusätzlich vorangetrieben. Der Wunsch der Beteiligten, den Konflikt nun in ihrem Sinne weiterzutragen, trifft hier auch auf das „Vergnügen" anderer, über „Skandale" zu sprechen. Somit wächst in zunehmendem Maße der öffentliche Raum, in dem der Konflikt ausgetragen wird.

Zunehmend werden andere in den Konflikt eingebunden

Stufe 5: Entgleisung – der andere wird demaskiert

Als Ursache der bisherigen Vorfälle werden nicht mehr die sachlichen Differenzen gesehen, sondern die Personen der anderen Partei als solche. Es geht nicht mehr um eine ursprünglich vielleicht kontroverse Meinung oder Haltung, sondern es ist nun der Mensch als Ganzes, der abgelehnt wird und dem es gilt, Schaden zuzufügen. Der andere, so die gegenseitige Sicht, ist als Person schlecht. Daraus werden auch Äußerungen abgeleitet, die die Person als Ganzes infrage stellen.

Es geht nicht mehr um sachliche Differenzen, sondern es ist nun der Mensch als Ganzes, der abgelehnt wird

Mit dieser Konzentration auf die Person des Gegners entgleist der Konflikt gewissermaßen und gewinnt eine neue Qualität. Auch im sozialen Umfeld sind die Fronten jetzt klar. Ist Stufe 5 erreicht, ist eine Deeskalation des Konflikts nur noch schwer möglich.

Stufe 6: Drohung – wer nicht hören will, muss fühlen

Die Gegner drohen sich mit Sanktionen, folgen sie nicht den Vorstellungen des Gegenübers. Der Gegner wird provoziert und bekommt deutlich Angriffsbereitschaft demonstriert. Der andere erhält nun den Denkzettel, was er sich selber zuzuschreiben hat, denn letztlich hat ja auch er als Person Schuld

Der Gegner wird provoziert und bekommt deutlich die Angriffsbereitschaft demonstriert

an dem Dilemma. Die öffentliche Ankündigung von Sanktionen führt zu einer Selbstverpflichtung desjenigen, der sie ausgesprochen hat und der Prozess entwickelt eine verschärfte Eigendynamik.

STUFE 7: GEWALT – DEM ZEIGE ICH ES JETZT

Man versucht herauszubekommen, wo eine empfindliche Stelle des Gegners ist und es erfolgen geplante strategische Angriffe auf den anderen, mit dem Ziel, ihm zu schaden. Nun ist gewissermaßen der Point of no Return erreicht. Der Gegner wird nicht mehr bezüglich des Konflikts angegriffen, sondern er als Person ist der Feind, den es gilt, nachhaltig zu treffen. Gelingt es, dem anderen zu schaden, so die Überlegung, geht man als Gewinner aus dem Konflikt hervor. Er oder ich, wir oder sie ist die Devise.

Der Gegner wird nicht mehr bezüglich des Konflikts angegriffen, sondern er als Person ist der Feind, den es gilt, nachhaltig zu treffen

STUFE 8: VERNICHTUNG – ODER GEMEINSAM IN DEN UNTERGANG

Ohne Rücksicht auf eigene Verluste schlägt man um sich, mit nur einem Ziel, den Gegner, seinen guten Ruf, sein Projekt oder auch seine Karriere zu zerstören. Ein rücksichtsloser Zustand, in dem die Betroffenen nur noch die gegenseitige „Vernichtung" vor Augen haben. Dabei zählt auch nicht der eigene Schaden, selbst die eigene Vernichtung wird billigend in Kauf genommen, wenn es nur gelingt, den anderen zu „zerstören".

Ohne Rücksicht auf eigene Verluste schlägt man um sich, mit dem Ziel, den Gegner zu vernichten

Diese Eskalationsspirale verdeutlicht die Dringlichkeit, bei Wahrnehmung eines Konflikts schnell und frühzeitig zu reagieren, da Konflikte eine Eigendynamik entwickeln, die sich durch den zunehmend öffentlichen Raum, in dem sie ausgetragen werden, noch verstärkt.

„Führen auf Augenhöhe" erfordert einen sensiblen Blick für die groben und feinen Prozesse, die auf Konflikte Hinweise geben. Keinesfalls aber im Sinne eines vorschnellen Reagierens, schon erste Anzeichen eines Konflikts gleich im Keim zu ersticken, da Auseinandersetzungen, Meinungsverschiedenheiten, ja selbst Streitigkeiten Teil konstruktiver Auseinandersetzungen sein können.

Im Folgenden eine kurze Übersicht der Anzeichen, die Indikatoren für das Aufkeimen und/oder Bestehen von Konflikten sein können, wie sie Jutta Kreyenberg in ihrem „Handbuch Konflikt-Management" beschreibt.

Anzeichen, die Indikatoren für das Aufkeimen und/oder Bestehen von Konflikten sein können

	offen und aktiv	verdeckt und passiv
verbal	VERBALER ANGRIFF • Andere Meinung äußern • Kritik • Beleidigungen, Beschimpfungen • Vorwürfe • Killerphrasen • „Herunterputzen" einer Person • Streiten • (Genereller) Widerspruch • *„Ich will aber…"* • Gegenargumentation • Differenzen lautstark aufbauschen • Starres Festhalten an Gewohnheiten und Standpunkten	ABLENKEN • Sarkasmus, Ironie, Galgenhumor • Nebenkriegsschauplätze aufmachen • Vom Thema ablenken • Zeitdruck vorschieben • Von „man" und „wir" sprechen, statt persönlich Stellung zu beziehen • Verunsicherungstaktik • Herabsetzende Bemerkungen • Subtile Anspielungen • Leugnen • *„Ja, aber…"* (defensiv) • Anzüglichkeiten • Genereller Zuspruch • Bagatellisieren und Sprüche klopfen • Blödeln, ins Lächerliche ziehen • „Verpfeifen" und Denunzieren • Distanzierte Höflichkeit
nonverbal	AUFREGUNG, UNRUHE • Demonstrativ ignorieren, nicht beachten • Beziehungsabbruch • Ausschluss von Personen • Drohgebärden • Abschätzige, abwertende Gestik und Mimik • Abweisende Haltung • Tätlicher Angriff • Inkongruenz im Verhalten oder zwischen Reden und Tun • Immer das Gegenteil tun • Gewalt • Sabotage • Auflaufen lassen • Trotzreaktionen, Querschießen • Streik	RÜCKZUG, LUSTLOSIGKEIT • Humorlosigkeit • Schweigen • Sturer Formalismus • „Dienst nach Vorschrift" • Desinteresse • Humorlosigkeit • Verbesserungsvorschläge einstellen • Zu spät kommen • Nur noch schriftliche Kommunikation • Überformale Regelungen • (Innere) Kündigung • Hohe Fehlzeiten, Krankheit • Hohe Reklamationsquoten • Überstunden/Aktionismus • Gereiztheit • Depression, Niedergeschlagenheit

Diese beispielhaft aufgeführten Indizien könne nur Anhaltspunkte sein und dienen lediglich dazu, Richtungen anzudeuten und den Blick zu schärfen.

Viele Konflikte beginnen als verdeckte Konflikte, die oft nur schwer zu erkennen sind. Häufig entwickeln sich zunächst harmlose Meinungsverschiedenheiten, die sich ganz allmählich zu einem Konflikt mit zunehmend emotionaler Bedeutung „aufschaukeln". Gleichzeitig neigen empfindliche Menschen dazu, Situationen zu überschätzen. Zudem favorisiert jeder seinen individuellen Umgang mit Konflikten.

Verdeckte Konflikte sind oft nur schwer zu erkennen

Nehmen sie einen Konflikt wahr, beantworten Sie im Sinne einer ersten Analyse und Einschätzung folgende drei Fragen:

Sensibilisieren Sie sich für das Erkennen von Konfliktsignalen

- Welche Personen sind unmittelbar an dem Konflikt beteiligt?
- Welche Personen im Umfeld der Konfliktbeteiligten sind mit betroffen?
- Um welchen Konflikt handelt es sich? Auf welcher Stufe der Eskalationsspirale steht er?
- Wie wichtig ist die Streitfrage für die unmittelbar Beteiligten?
- Welchen Einfluss hat sie auf die Gesamtheit?

Die Klärung dieser Fragen gibt Aufschluss über das Verhalten aller Beteiligten. Wichtig ist, wie differenziert die unterschiedlichen Handlungsweisen wahrgenommen werden und wie realistisch und objektiv die Konfliktsache von den Beteiligten bewertet wird. Um einen Konflikt zu beurteilen und einen Überblick zu gewinnen, ist es notwendig, die unterschiedlichen Perspektiven im Detail nachzuvollziehen.

Wird ein Konflikt wahrgenommen, stehen unterschiedliche Methoden und Techniken zur Verfügung. Letztendlich gilt es zu entscheiden, einen Konflikt anzugehen, ihn zu unterdrücken oder zu versuchen, ihn zu vermeiden. Grundsätzlich bietet sich im Konfliktfall folgende Vorgehensweise an:

Vorgehensweise im Konfliktfall

- WAHRNEHMEN: Mit Wahrnehmung des Konflikts zunächst klären: Wer ist direkt und wer ist indirekt betroffen? Wer befindet sich auf welcher Eskalationsstufe?
- STANDPUNKTE KLÄREN: Die Konfliktbeteiligten stellen ihre Sicht dar und haben Gelegenheit, ihre Positionen deutlich zu machen.

- **Hintergründe herausarbeiten:** Was verbirgt sich hinter den Standpunkten? Gibt es Indizien, die darauf hinweisen, dass die augenscheinlichen Gründe für den Konflikt gar nicht das eigentliche Problem sind, sondern die Ursachen ganz woanders liegen? Stehen bestimmte Wertvorstellungen hinter den Standpunkten und wenn ja, welche sind das?

- **Herausarbeiten der zentralen Anliegen:** Worauf kommt es den Konfliktparteien an, was ist ihnen wirklich wichtig? Es geht um die Essenz. Würde man alle Punkte, die hier genannt werden, in eine Rangfolge bringen, welche Punkte ständen auf dieser Liste ganz oben?

- **Entwickeln von Lösungen:** Gibt es Lösungsvorschläge, die zumindest die vorrangig genannten Punkte beider Parteien berücksichtigen? Dies setzt die Bereitschaft beider Parteien voraus, kreativ zu denken und nach einer gemeinsamen Lösung zu suchen.

- **Bewertung der Lösungsvorschläge:** Gegenüberstellung der gesammelten Lösungsvorschläge und Auswahl des für beide Parteien nachhaltig tragfähigsten Lösungsvorschlages.

Aus einer Vielzahl unterschiedlicher Lösungsmodelle stellen wir hier als Anregung noch die „D.A.L.L.A.S.-Methode" von Böning und das Konzept der „Klärungshelfer" bei chronischen Teamkonflikten von Thomann vor.

6.8.2 D.A.L.L.A.S.-Methode

Die Buchstaben der D.A.L.L.A.S.-Methode von Uwe Böning stehen für die Anfangsbuchstaben von sechs Schritten zur Konfliktlösung. Die Methode ist besonders geeignet für Konflikte der Eskalationsstufen 1 bis 3.

Die betroffenen Parteien beschreiben ihre Perspektiven

- **Definition des Konflikts:** Die betroffenen Parteien beschreiben ihre Perspektiven, sodass für alle Beteiligten sichtbar wird, wo Abweichungen vom „Status quo" wahrgenommen werden. Ziel ist, dass die Beteiligten wissen, um was es geht. Schuldzuweisungen sollten in dieser Phase unterbleiben.

Wie erleben die Beteiligten den Konflikt?

- **Aktivieren der Beteiligten:** Wie erleben die Beteiligten den Konflikt? Welche Emotionen löst der Konflikt bei ihnen aus? Wie bewerten sie den Konflikt und welche Wertvorstellungen sind damit verbunden? Wie sieht ihre Bereitschaft aus, gemeinsam eine einvernehmliche Lösung zu finden? Was spricht aus ihrer Sicht dagegen und was dafür?

- LÖSUNGSMÖGLICHKEITEN SUCHEN: Welche Lösungsversuche gab es in der Vergangenheit? Welche Vorschläge für Lösungen gibt es in der Gegenwart? Ziel in dieser Phase ist es, möglichst viele Lösungsvorschläge zusammenzutragen.

  Möglichst viele Lösungsmöglichkeiten finden

- LÖSUNGSVORSCHLÄGE BEWERTEN: Die Lösungsvorschläge werden insbesondere unter der Perspektive bewertet, ob sie in konkrete Handlungen umgesetzt werden können. Was zählt, ist ihre Praxistauglichkeit und die positive zustimmende Bewertung durch die beteiligten Parteien.

  Welche Lösungsvorschläge können konkret umgesetzt werden?

- AUSFÜHRUNG DER ENTSCHEIDUNG: Die Entscheidungen aus dem vorausgegangenen Schritt werden in konkrete Handlungen umgesetzt. In diesem Schritt wird der Aktionsplan umgesetzt, der für den am aussichtreichsten erscheinenden Lösungsvorschlag erarbeitet wurde.

  Konkrete Handlungen einleiten

- SITUATION NEU BEWERTEN: Nach Ablauf einer zuvor vereinbarten Zeit wird von den Beteiligten überprüft, ob die eingeleiteten Maßnahmen zu Veränderungen geführt haben und wie sie von den Beteiligten empfunden und bewertet werden. Haben sich neue Probleme ergeben? Was hat sich positiv entwickelt?

  Hat sich die Situation verbessert?

6.8.3 Klärungshelfer

Christhoph Thomann entwickelte ein etwas zeitintensiveres siebenstufiges Verfahren zur Lösung von Gruppen- oder Teamkonflikten in beruflichen Situationen.

- STUFE 1: EXTERNE HILFE EINBEZIEHEN. Ein externer Konfliktberater oder Klärungshelfer übernimmt die Aufgabe der Konfliktmoderation. Er bestimmt die Rahmenbedingen und erhält alle aus seiner Sicht notwenigen Informationen über den Konflikt, die Beteiligten, Ergebnisse aus der Vergangenheit, Vorstellungen und Erwartungen seiner Rolle. Wichtig ist, dass die beteiligten Personen Vertrauen haben und das Procedere akzeptieren.

  Ein externer Klärungshelfer übernimmt die Aufgabe der Konfliktmoderation

- STUFE 2: ERSTE SCHRITTE VORNEHMEN. Der Klärungshelfer lädt zu einer ersten Sitzung ein. Geklärt wird zunächst seine Rolle, dann die von ihm gewählte Strategie. Aus dem verstehenden Nachvollzug von Ereignissen in der Vergangen-

  Der Klärungshelfer lädt zu einer ersten Sitzung ein

heit erwächst das Verständnis der aktuellen Situation und daraus leitet sich die Entwicklung zukünftiger Schritte ab. Gefühle sind Bestandteil von Konflikten und können, soweit sie sich auf Arbeitszusammenhänge beziehen, auch thematisiert und zugelassen werden. „Private" Gefühle zwischen den Beteiligten dagegen sind tabu. Die Beteiligten haben Raum, ihre ganz persönliche Sicht auf das kontroverse Thema darzustellen. Für den Klärungshelfer gilt, dass „die Wahrheit" immer etwas Subjektives ist und subjektive Einschätzungen als solche zu akzeptieren sind.

Wie erleben die Teilnehmer den Konflikt, sowohl unter inhaltlichen als auch unter emotionalen Gesichtspunkten?

- STUFE 3: „SELBSTKLÄRUNG". Wie erleben die Teilnehmer den Konflikt, sowohl unter inhaltlichen als auch unter emotionalen Gesichtspunkten? Oberstes Ziel hier ist, dass alle Beteiligten verstehen, um was es jedem der Beteiligten geht – und dies im wahrsten Sinne des Wortes. Entscheidend ist, dass sowohl der Klärungshelfer als auch die Kontrahenten Motive und Beweggründe der jeweils anderen Partei verstanden haben und nachvollziehen können.

  Ein wichtiges Hilfsmittel ist die Visualisierung des Konflikts. Die beteiligten Parteien stellen ihre jeweilige subjektive Sicht beispielsweise auf einem Flipchart dar und erläutern sie anhand ihrer Darstellung. Der Klärungshelfer unterstützt durch Verständnis- und Präzisierungsfragen. Fragen sind auch für die anderen Teilnehmer zugelassen. Der Klärungshelfer achtet zudem darauf, dass keine Diskussionen stattfinden.

  Im Anschluss an eine Präsentation bietet es sich an, dass der Klärungshelfer die Konfliktsituation aus diagnostischer Sicht visualisiert, etwa in Form eines Soziogramms unter Einbindung der Konfliktthemen.

Die unterschiedlichen Sichtweisen werden nebeneinandergestellt

- STUFE 4: „DIALOG DER WAHRHEIT". Hier werden die unterschiedlichen Sichtweisen nebeneinandergestellt. Es geht darum, Klarheit über die Gefühle und die Beziehungen zu gewinnen. Die Beteiligten müssen gegenseitig alles anhören, was die jeweils andere Partei mit ihnen in Verbindung bringt. Dabei dürfen sie sich nicht rechtfertigen, sondern müssen aushalten, dass es zunächst darum geht, Dinge auszusprechen, zuzuhören und zu begreifen und nicht nach Lösungen zu suchen. Es geht in diesem Schritt um das Erfassen der Situation und nicht um die Herstellung von Harmonie. Ziel ist ein Dialog über alle Punkte.

Um einem emotionsgeladenen Schlagabtausch entgegenzuwirken und einen echten Dialog zu initiieren, wendet der Moderator die Technik des „Doppelns" an, indem er die Beiträge der Teilnehmer wiederholt.

Ein Beispiel: Ein Teilnehmer X stellt im Rahmen des „Dialogs der Wahrheit" einen für ihn wichtigen Punkt dar. Bevor nun Personen der anderen Partei darauf reagieren können, fragt der Moderator: *„Darf ich einmal zu Ihnen kommen und Ihre Aussage wiederholen und Sie bestätigen, ob das so Ihrer Sicht der Dinge entspricht?"* Stimmt X zu, nimmt der Moderator eine Position in dessen Nähe ein und paraphrasiert zu der anderen Partei gewandt in Ich-Form, mit neutraler Stimme, in eigener Sprache und Intonation sachlich die Aussage von X. Danach geht er an seinen ursprünglichen Platz zurück, bittet die Gegenpartei um ihre Reaktion und verfährt gleichermaßen.

Er muss darauf achten, sich seine Paraphrasierungen von den Teilnehmern bestätigen zu lassen und die Konfliktparteien wechselseitig und gleichgewichtig zu doppeln.

Durch die Technik des Doppelns bricht der Moderator gewissermaßen aufkeimende Emotionen und schafft durch seine neutrale und emotionslose Darstellung eine Atmosphäre, in der es den Beteiligten möglich ist, sich gegenseitig wahrzunehmen und in einen echten Dialog miteinander zu treten, ohne in Aggression oder eine Verteidigungshaltung zu geraten. Würden die Parteien „ungefiltert" aufeinanderprallen, bestünde immer die Gefahr, dass sie schon aufgrund minimaler Gesten oder mimischer Veränderungen in ihre üblichen Verhaltensmuster zurückfallen.

Gerade bei größeren Runden kann es sinnvoll sein, diese Technik in der Sitzordnung der so genannten Fish-Bowl-Anordnung durchzuführen. Hier sitzen sich die Kontrahenten in einem Innenkreis gegenüber, während die anderen Teilnehmer sich um diesen herum platzieren. Der Vorteil dieser Anordnung ist die klare Struktur und die Möglichkeit der Konzentration auf die Konfliktbeteiligten. Im Anschluss besteht die Möglichkeit der Rückmeldung durch die Teilnehmer des äußeren Kreises.

Das Anwenden des Doppelns setzt Sicherheit im Umgang mit dieser Technik voraus und sollte vorab in Seminarsituationen eingeübt werden.

Der Moderator bricht gewissermaßen aufkeimende Emotionen, indem er die Beiträge der Teilnehmer in neutraler Form paraphrasiert

Sitzordnung in Form der so genannten Fish-Bowl-Anordnung

Der Klärungshelfer beschreibt die von ihm wahrgenommenen grundlegenden Konfliktmuster

- **STUFE 5: „ERKLÄRUNGEN UND LÖSUNGEN".** Sobald der Klärungshelfer den Eindruck hat, dass alle strittigen Punkte und Themen im Dialog besprochen wurden, bricht er die Phase ab und beschreibt seinerseits, die von ihm wahrgenommenen grundlegenden Konfliktmuster. Auch hier kann es hilfreich sein, mit Visualisierungstechniken zu arbeiten, um den Beteiligten die grundlegenden Konfliktmuster und Verhaltensweisen zu veranschaulichen. Ist dies gelungen, wird gemeinsam nach konkreten Lösungsvorschlägen gesucht. Diese werden diskutiert und verhandelt, um den aussichtsreichsten Vorschlag auszuwählen. Zu dem gemeinsam favorisierten Lösungsvorschlag werden konkrete und detaillierte Maßnahmen geplant, die visualisiert und anschließend schriftlich fixiert werden.

Reflexion des gemeinsam zurückgelegten Weges und Bewertung des Ergebnisses

- **STUFE 6: ABSCHLUSS.** Zum Abschluss findet in Form eines „Feedbacks" eine abschließende Reflexion des gemeinsam zurückgelegten Weges und die Bewertung des Ergebnisses durch die Teilnehmer statt. Im Feedback sollte deutlich werden, welchen Nutzen die Teilnehmer aus dem Verfahren für sich ziehen konnten. Was nehmen sie mit? Des Weiteren lädt der Klärungshelfer ein, ihm ein Feedback über seine eigene Arbeit zu geben.

Folgetreffen, um Wirkung und Nachhaltigkeit der eingeleiteten Maßnahmen zu beurteilen

- **STUFE 7: NACHFASSEN.** Um die Wirkung und Nachhaltigkeit der eingeleiteten Maßnahmen beurteilen zu können, findet in einem zuvor definierten Abstand, ein weiteres Treffen statt, um zu sehen und zu hören, ob und wie die vereinbarten Schritte umgesetzt wurden und sich in der gelebten Praxis bewährt haben.

6.9 Wo stehen Sie selbst innerhalb der acht Dimensionen des Führens auf Augenhöhe?

Nachdem wir Ihnen nun nach unserem Verständnis die acht Dimensionen des „Führens auf Augenhöhe" vorgestellt haben, laden wir Sie dazu ein, Ihre eigenen Präferenzen, Fähigkeiten, Kenntnisse und Kompetenzen innerhalb dieses Themengebietes zu verorten. Schätzen Sie sich auf einer Skala von 1 bis 10 selbst ein und übertragen die Werte auf die entsprechenden Achsen in das Netz auf der nächsten Seite. Verbinden Sie die Punkte auf den Achsen miteinander, sehen Sie, wie Sie sich innerhalb der acht Dimensionen positionieren.

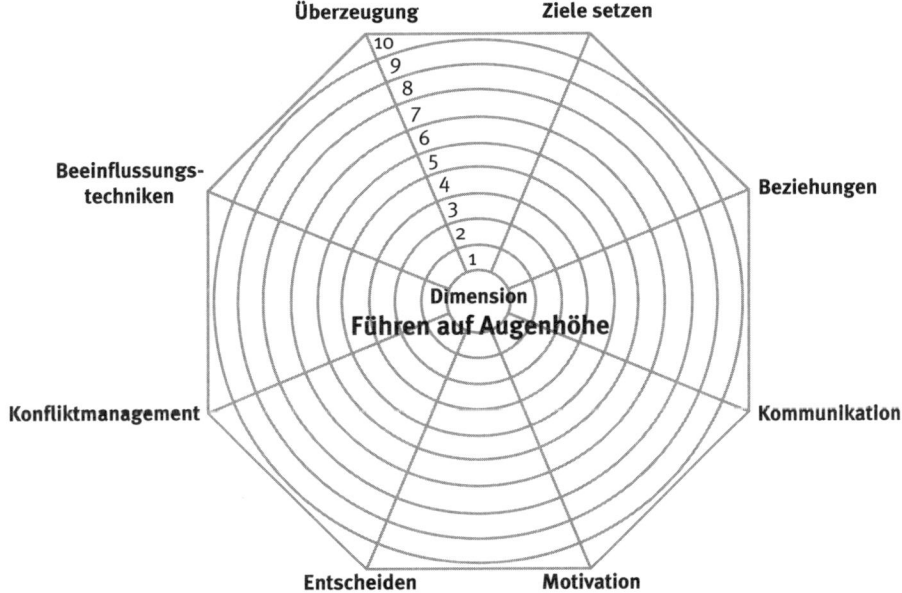

7 ABSCHLIESSENDE GEDANKEN UND AUSBLICK

Das Umschlagbild des Buches, das Sie gerade in den Händen halten, zeigt einen Schlepper, der ein Containerschiff manövriert. Welche Assoziationen löst dieses Bild bei Ihnen aus? Der „Große" braucht den „Kleinen"? Haben Sie darüber nachgedacht, wie abhängig der Große von dem Kleinen ist – David besiegt Goliath? Der kleine Schlepper zieht das um ein Vielfaches größere Schiff?

In Verbindung mit dem Titel „Führen auf Augenhöhe" entlockt Ihnen dieses Motiv vielleicht ein leichtes Schmunzeln, ganz dem Gedanken nachgehend, welchen mächtigen Einfluss im Grunde doch die Keinen haben und wie abhängig die Großen doch von ihnen sind.

Es war im Jahr 2006, als das Containerschiff NYK Espirito im Hamburger Hafen zum Ablegen bereit war. Das Wetter war gut, leichter Regen, schwacher Wind. Der Schlepper ZK Tumak unterstützte das Containerschiff beim Ablegen und Drehen. Nur wenige Minuten nach Beginn, exakt zwölf Minuten später, endete das Manöver mit einem Schaden von fast einer halben Million Euro. Das Containerschiff hatte die Kaimauer gerammt. Als eine der Hauptursachen werden Missverständnisse in der Kommunikation genannt und dies, obwohl die Schiffsführer der NYK Espirito und des Schleppers sowie der Lotse auf Deutsch kommunizierten und deutscher Nationalität waren.

Es kommt immer auf das Ergebnis an und unter dieser Perspektive spielt es eine durchaus nachgeordnete Rolle, ob die Frage nach der Rollenverteilung von Groß und Klein und die Frage, wie Führung legitimiert wird, dogmatisch innerhalb des einen oder des anderen Paradigmas beantwortet wird. Es geht auch nicht um die Umkehrung der Führungssituation im Sinne eines von unten nach oben.

Führen auf Augenhöhe setzt darauf, dass Menschen unterschiedliche Kompetenzen und Fähigkeiten haben und dass über eine gegenseitige vertrauensvolle Kommunikation und Zusammenarbeit die besten Ergebnisse zu erzielen sind.

Der Schlepper ist um ein Vielfaches wendiger, das Containerschiff um ein Vielfaches höher beladbar. In der Zusammenarbeit gelingt ihnen vieles, unter der Voraussetzung, dass sie beide die gleiche Sprache sprechen, einander verstehen, gemeinsame Ziele verfolgen und ihre „Expertenrolle" einnehmen. Es ist die so selbstverständlich erscheinende Kommunikation, die hier als Bindeglied eine elementare Rolle spielt. Wie das Beispiel zeigt, können selbst „kleine" Missverständnisse gravierende Folgen haben.

Kommunikation spielt vermutlich nicht nur zwischen Menschen eine wichtige Rolle. Noch unklar ist, wie Vögel (in diesem Fall Tauben) sich in einem Vogelschwarm verständigen; interessant aber, dass es offensichtlich eine klare Hierarchie gibt. Untersuchungen haben gezeigt, dass die Rangfolge der Vögel mit ihrer Position im Schwarm übereinstimmt. Es wurde aber auch beobachtet, dass sie die Positionen wechseln. Eine Erklärung, was den Vogel an der Spitze der Formation kennzeichnet, besagt, dass es die Motivation und Navigationskenntnisse sind, die ihn auszeichnen. Wer über die diese Fähigkeiten verfügt, auch dies ist eine These, scheint die Entscheidung aller Schwarmmitglieder zu sein. Interessant auch, dass die Rolle jeweils nur temporär wahrgenommen wird, womit die „Führungsrolle" wechselt..

Auch wenn sich Verhaltensbeispiele aus dem Tierreich nicht einfach auf die Zusammenarbeit zwischen Menschen überragen lassen, bieten sie doch Anregungen zum Nachdenken.

Ein Denkmodell dass besagt, dass eine Gruppe gemeinsam entscheidet, wer in einer bestimmten Situation, aufgrund von Expertenwissen und Motivation eine temporäre Führungsrolle übernimmt. Vielleicht auch ein Denkmodell für die Herausforderungen, vor denen Unternehmen und damit Mitarbeiter, Unternehmer und Führungskräfte heute stehen?

Krisen, Globalisierung, Klima, Rohstoffknappheit sind Themen, die zunehmend an Gewicht gewinnen und Einfluss auf das Denken und Handeln nehmen. Unternehmen entwickeln Produkte und Dienstleistungen, die auch von denen, die sie produzieren und erstellen, genutzt und in Anspruch genommen werden (müssen). Kritische Stimmen sagen, dass wir uns über den Konsum definieren. Eine der Folgen ist, dass sich auch soziale Interaktion zunehmend um Konsum dreht und die soziale Stellung sich darüber bestimmt, über welche Konsumgüter man verfügt oder nicht verfügt. In der Konsequenz bedeutet dies, dass wir einen immensen Aufwand betreiben, um die vor diesem Hintergrund notwendigen Ressourcen zu erwirtschaften. Dies, auch darin sind sich viele Fachleute einig, geht trotz steigender Kommunikationsmöglichkeiten zulasten wirklich befriedigender Kommunikation und Kooperation.

Beides aber, Kooperation und Kommunikation, waren und sind auch aus der Sicht der Evolution elementar für die Entwicklung der Menschheit. Die daraus abzuleitenden Forderungen heißen Entschleunigung, nachhaltige Kommunikation und Kooperation sowie das Hinterfragen von Werten und Zielen. Es steht aber auch außer Frage, dass dabei Wirtschaftlichkeit ein nicht hinterfragbares Gebot im Denken aller Beteiligten sein muss.

Führen auf Augenhöhe kann hier neue Horizonte erschließen. Laterales Führen ist keine kurzfristige Strategie und kein Gegenkonzept, sondern setzt auf die Bereitschaft, die anstehenden Aufgaben gemeinsam zu lösen.

David besiegte Goliath, indem er sich nicht auf dessen Kampfstrategie einließ, sondern etwas tat, mit dem Goliath nicht gerechnet hatte. Wohl wissend, dass er mit einem Schwert keine Chance haben würde, griff er zu Steinen und Schleuder.

Ivan Arreguin-Toft, ein politischer Wissenschaftler, hat alle kriegerischen Auseinandersetzungen der letzten 200 Jahre untersucht, bei denen sich „schwache" und „starke" Gegner gegenüberstanden. In mehr als 70 Prozent aller Fälle behielten die Starken die Oberhand. Akzeptiert allerdings der Schwächere seine Rolle und lässt sich nicht auf die Strategie und die Regeln des Stärkeren ein und verwendet eine unkonventionelle eigene Strategie, steigen seine Chancen, zu gewinnen, ganz erheblich, auf über 60 Prozent. Das, was die Schwächeren in der Hauptsache antreibt, ist ihre Überzeugung.

„Führen auf Augenhöhe" bedarf der Abkehr vom Prinzip hierarchischer Führung. Der Glaube, auf schwierige Situationen reagieren zu können, indem man nach dem Motto, „mehr von demselben", alte Strategien immer weiter ausbaut und verfeinert, gleicht dem Versuch, Goliath mit dem Schwert zu besiegen. Dies sollte infrage gestellt werden zugunsten einer Überzeugung, die auf Kooperation, Kommunikation und gemeinsame Ziele setzt.

Es geht darum schneller, flexibler und effizienter reagieren zu können und gemeinsame Ziele zu verfolgen. Ziele zu vereinbaren auf der Grundlage der Vielfalt von Wertvorstellungen, die durch die Menschen repräsentiert werden, die zusammenarbeiten. Anders als in der alten Industriegesellschaft, die strikt darauf ausgerichtet war, dass am Ende immer etwas herauskam – in der Regel ein Konsumprodukt oder eine den Konsum stützende Dienstleistung –, sollte auch die Zusammenarbeit der Beteiligten als solche einen Wert darstellen.

Das Nachdenken über Werte und Ziele, die Ihnen wirklich wichtig sind, ist vielleicht der erste Schritt dieser Reise.

Literaturhinweise

QUELLEN

- Bohm, David: Der Dialog. Das offene Gespräch am Ende der Diskussionen. Stuttgart 1998
- Boneberg, Iris: in Steiger, Thomas M.; Lippmann, Eric D.: Handbuch Angewandte Psychologie für Führungskräfte. Berlin 2002
- Böning, Uwe: Moderieren mit System. Wiesbaden 1991
- Cialdini, Robert: Yes! Andere überzeugen. Bern 2009
- Fromm, Erich; Suzuki, Daisetz Teitaro; de Martino, Richard: Zen-Buddhismus und Psychonalyse. Frankfurt 1972
- Glasl, Friedrich: Konfliktmanagenent. Bern 1990
- Goleman, Daniel: EQ2. Der Erfolgsquotient. München 1999
- Greene, Robert: Power: Die 48 Gesetze der Macht. München 2001
- Hartmann, Martin; Funk, Rüdiger; Arnold, Christian: Gekonnt moderieren. Weinheim und Basel 2000
- Jung, C. G.: Der Mensch und seine Symbole. Olten 1968
- Kessel, Angela: Business-Training Südostasien. Berlin 2000
- Köhler, Jens; Oswald, Alfred: Die Collective Mind Methode. Heidelberg 2009
- Kreyenberg, Jutta: Handbuch Konflikt-Management. Berlin 2005
- Lewandowski, Theodor: Linguistisches Wörterbuch. Heidelberg und Wiesbaden 1976
- Nefiodow, Leo A.: Der sechste Kondratieff. Sankt Augustin 1997
- Pflüger, Gernot: Erfolg ohne Chef. Wie Arbeit aussieht, die sich Mitarbeiter wünschen. Berlin 2009
- Reihlen, Markus: Führung in Heterarchien, Arbeitspapier Nr. 98 des Seminars für Allg. Betriebswirtschaftslehre der Universität zu Köln. Köln 1998
- Semler, Ricardo: Das Semco System. München 1993
- Tannenbaum, R.; Schmidt, W.H.: How must to choose a leadership pattern. Harvard Business Review. März/April 1958
- Taylor, F. W.: Die Grundsätze wissenschaftlicher Betriebsführung. Weinheim 1913/95
- Thomann, Chr.; Schulz von Thun F.; Naumann-Bashayan Chr.: Klärungshilfe 1 und 2. Reinbek 2003/04
- Watzlawick, Paul: Menschliche Kommunikation. Formen, Störungen, Paradoxien. Bern 2007
- Whyte, William F.: Lohn und Leistung. Darmstadt 1958
- Wunderer, Rolf: Führung und Zusammenarbeit. Neuwied, Kriftel, 2000
- Wüthrich, Hans A.; Osmetz, Dirk; Kaduk, Stefan: Musterbrecher. Wiesbaden 2009

WEITERFÜHRENDE LITERATUR

- Cialdini, Robert: Die Psychologie des Überzeugens. Bern 2009
- Fisher, Roger; Sharp, Allen: Führen ohne Auftrag. Frankfurt 1998
- Ivey, Allen E.: Führung durch Kommunikation: Leonberg 2000
- Malik, Fredmund: Führen, Leisten, Leben. Frankfurt 2006
- Pflüger, Gernot: Erfolg ohne Chef. Berlin 2009
- Senftleben, Michael: Innovation und Führung: Welche Bedeutung haben produktives Denken und Problemlösen in Unternehmen? Hamburg 2009
- Wüthrich, Hans A.; Osmetz, Dirk; Kaduk, Stefan: Musterbrecher. Wiesbaden 2009

Stichwortverzeichnis